Tiefbohren in Metallen mittels ultrakurzen Laserpulsen

Deep Drilling in Metals by Means of Ultrashort Laser Pulses

Von der Fakultät für Maschinenwesen
der Rheinisch-Westfälischen Technischen Hochschule Aachen
zur Erlangung des akademischen Grades eines
Doktors der Ingenieurwissenschaften
genehmigte Dissertation

vorgelegt von

Dennis Haasler

Berichter/in:

Univ.-Prof. Dr. rer. nat. Constantin Häfner
Univ.-Prof. Dr.-Ing. Thomas Bergs

Tag der mündlichen Prüfung: 16. September 2022

ERGEBNISSE AUS DER LASERTECHNIK

Dennis Haasler

Tiefbohren in Metallen mittels ultrakurzen Laserpulsen

Bibliografische Information der Deutschen Nationalbibliothek
Die Deutsche Nationalbibliothek verzeichnet diese Publikation in der Deutschen Nationalbibliografie; detaillierte bibliografische Daten sind im Internet über https://portal.dnb.de abrufbar.

Dennis Haasler:

Tiefbohren in Metallen mittels ultrakurzen Laserpulsen

1. Auflage, 2022

Gedruckt auf holz- und säurefreiem Papier, 100% chlorfrei gebleicht.

Apprimus Verlag, Aachen, 2022
Wissenschaftsverlag des Instituts für Industriekommunikation und Fachmedien an der RWTH Aachen
Steinbachstr. 25, 52074 Aachen
Internet: www.apprimus-verlag.de, E-Mail: info@apprimus-verlag.de

Abbildung Umschlag: © Fraunhofer ILT

Druck: CPI Druckdienstleistungen GmbH, Ferdinand-Jühlke-Straße 7 I 99095 Erfurt

ISBN 978-3-98555-119-4

D 82 (Diss. RWTH Aachen University, 2022)

Danksagung

Die vorliegende Arbeit ist parallel zu meiner Tätigkeit als wissenschaftlicher Mitarbeiter am Lehrstuhl für Lasertechnik LLT der RWTH Aachen University und am Fraunhofer-Institut für Lasertechnik ILT entstanden. Ich möchte mich an dieser Stelle bei all jenen bedanken, die mich während dieser Zeit begleitet und unterstützt haben.

Meinen beiden Doktorvätern Prof. Reinhart Poprawe und Prof. Constantin Häfner möchte ich für die Betreuung der Arbeit danken. Ich danke Prof. Thomas Bergs für die Übernahme des Koreferats und Prof. Christian Brecher für die Übernahme des Prüfungsvorsitzes. Außerdem möchte ich Prof. Arnold Gillner für die Korrektur der Arbeit und die Anregungen danken.

Meinen Kollegen danke ich für die großartige und freundschaftliche Arbeitsatmosphäre, in der ich mich sehr wohlgefühlt habe. Im Hinblick auf meine Dissertation möchte ich insbesondere Stefan Janssen, Johannes Finger, Martin Reininghaus, Benedikt Bornschlegel, Christian Kalupka und Philipp Bremer danken, die mir mit ihrem Rat zur Seite standen.

Ein großer Dank geht auch an meine Studenten und Abschlussarbeiter Dominic Seidel, Dorian Kürschner, Vincent Köntges, Christian Beckers, Emmanuil Chatziantoniou, Seifeldin Eissa, Zhiheng Ye, Xenia Koop, Markus Wirtz, Tammo Behrens und Tobias Schneider für die tatkräftige Unterstützung.

Natürlich dürfen hier auch meine Eltern Ursula und Detlef Haasler nicht fehlen, die mich in all meinen Entscheidungen immer unterstützt haben.

Aachen, September 2022

Dennis Haasler

Kurzfassung

Die Materialbearbeitung mittels ultrakurzen Laserpulsen hat in den letzten 20 Jahren auch durch die stetige Entwicklung von immer leistungsfähigeren Laserstrahlquellen enorme Fortschritte gemacht. Davon profitiert auch das Bohren mittels Ultrakurzpuls (UKP)-Laserstrahlung, da durch diese Entwicklung höhere Abtragraten und größere Bohrtiefen ermöglicht wurden. Somit werden Anwendungen denkbar, die zuvor nicht mit laserbasierten Bohrverfahren erreicht werden konnten. Präzise, geformte Mikrobohrungen mit mehreren Millimetern Tiefe werden insbesondere in vielen Hochtechnologieanwendungen wie für Kühlluftbohrungen in Turbinenkomponenten, in Spinndüsen für die Faserherstellung, als Zuführung von Schmiermitteln in (Umform-)Werkzeugen oder in Sieben für die Stoffaufbereitung benötigt. Aktuell können diese Anwendungen mit verfügbaren Fertigungsverfahren aber nicht oder nur eingeschränkt adressiert werden.

In dieser Arbeit wird daher ein neues Bohrverfahren zur Herstellung von sowohl großen und tiefen als auch präzisen Bohrungen mittels UKP-Laserstrahlung entwickelt. Dabei werden insbesondere hohe Pulsenergien und hohe mittlere Leistungen benötigt. Diese führen zu unerwünschten Effekten wie die Entstehung von Gasdurchbruchplasmen oder Schmelzentstehung durch Wärmeakkumulation. Die Auswirkungen dieser Effekte auf die Abtragrate und die geometrische und metallurgische Qualität beim Bohren werden daher zu Beginn der Arbeit grundlegend untersucht. Aus diesen Erkenntnissen werden anschließend Randbedingungen abgeleitet, die ein neu entwickeltes Bohrverfahren einhalten muss. Dieses Bohrverfahren basiert auf einem Vollabtrag des Bohrquerschnitts sowie einer Verschiebung der Fokusebene über die gesamte Bohrtiefe. Somit können präzise Bohrungen mit Bohrungsdurchmessern größer 200 µm und Aspektverhältnissen von bis zu 25 erzeugt werden. Außerdem wird eine speziell für das neu entwickelte Bohrverfahren ausgelegte Bearbeitungsoptik entwickelt und aufgebaut, welche eine hochdynamische Ablenkung der Laserstrahlung erlaubt. Diese Arbeit liefert zudem die Werkzeuge, um das UKP-Tiefbohrverfahren auszulegen und dessen prinzipielle und systemtechnische Grenzen zu bestimmen.

Abstract

Material processing by means of ultrashort laser pulses has made enormous progress in the last 20 years, also due to the continuous development of ever more powerful laser beam sources. Drilling with ultrashort pulse (usp) laser radiation has also benefited from this development, as more powerful laser beam source made higher ablation rates and greater drilling depths possible. This makes applications conceivable that could not previously be achieved with laser-based drilling techniques. Precise, shaped micro-holes with a depth of several millimeters are required in many high-tech applications such as cooling holes in turbine components, in spinnerets for fibre production, as a supply of lubricants in (forming) tools or in screens for stock preparation. However, these applications cannot or only to a limited extent be addressed with available manufacturing processes.

In this work, a new drilling technique is therefore developed for the production of both large and deep as well as precise holes using usp laser radiation. For this drilling technique, high pulse energies and high average powers are required. These lead to undesirable effects such as the formation of gas breakthrough plasmas or melting due to heat accumulation. The consequences of these effects on the removal rate and the geometric and metallurgical quality during drilling are therefore investigated in detail at the beginning. From these findings, boundary conditions are derived that the newly developed deep drilling technique must comply with. This drilling technique is based on a full removal of the hole cross-section including a shift of the focal plane over the entire drilling depth. As a result, precise holes with hole diameters larger than 200 µm and aspect ratios of up to 25 can be manufactured. In addition, an optical system specially designed for this drilling technique is being developed and constructed, which allows highly dynamic deflection of the laser beam. This work also provides the tools to design the deep drilling processes and determine both its principal and its technical limits because of the available system technology.

Inhaltsverzeichnis

Symbolverzeichnis ... III

1 Einleitung ... 1

2 Zielsetzung und Vorgehensweise ... 3

2.1 Zielsetzung ... 3
2.2 Vorgehensweise ... 5

3 Grundlagen und Stand von Wissenschaft und Technik ... 9

3.1 Plasmen ... 9
3.2 Abtragprozess ... 13
3.2.1 Anregung und Thermalisierung der Elektronen ... 14
3.2.2 Relaxation ... 14
3.2.3 Ablation ... 15
3.2.4 Schmelzaustrieb ... 18
3.2.5 Zusammenfassung ... 19
3.3 Bohren mittels UKP-Laserstrahlung ... 20
3.3.1 Winkelabhängige Reflexion und Absorption ... 20
3.3.2 Mehrfachreflexion ... 21
3.3.3 Einfluss hoher Fluenzen und Intensitäten ... 22
3.3.4 Wärmeakkumulation ... 26
3.4 Abgrenzung zum Stand der Wissenschaft ... 27
3.5 Laserbohrverfahren ... 29
3.6 Wendelbohroptiken ... 30

4 Experimentelle Versuchsaufbauten und Auswertemethoden ... 33

4.1 Laserstrahlquelle Libra ... 33
4.2 Laserstrahlquelle Amphos 400 ... 34
4.3 Auswertemethoden und Fehlerabschätzung ... 35
4.4 Scanstrategien ... 37

5 Abtrag mit wenigen Pulsen und hohen Fluenzen ... 39

5.1 Vorgehen ... 40
5.2 Abtragregime bei 100 fs Pulsdauer ... 41
5.3 Abtragregime bei 2 ps Pulsdauer und Einfluss Prozessgas ... 48
5.3.1 Einfluss Pulsdauer auf Schmelzbildung ... 48
5.3.2 Abtragregime bei 2 ps Pulsdauer ... 49
5.3.3 Spezifisches Abtragvolumen bei 2 ps Pulsdauer ... 51
5.4 Zusammenfassung ... 52

5.5 Schlussfolgerung für das UKP-Bohren ... 53

6 Auswirkungen von Wärmeakkumulation ... 55

6.1 Vorgehen ... 56
6.2 Wärmeakkumulation bei wenigen Pulsen ... 57
6.3 Wärmeakkumulation bei wenigen Pulsen und Flächenabtrag ... 61
6.4 Wärmeakkumulation bei vielen Pulsen: Perkussionsbohren ... 64
6.4.1 Einfluss Pulsenergie ... 64
6.4.2 Einfluss Repetitionsrate ... 67
6.4.3 Einfluss Pulsdauer ... 68
6.4.4 Einfluss Materialdicke ... 71
6.5 Tiefenaufgelöste Abtragrate ... 72
6.5.1 Abschätzung über Materialdicke ... 72
6.5.2 In-Situ Aufnahmen des Bohrprozesses ... 74
6.6 Zusammenfassung ... 77
6.7 Schlussfolgerungen für das UKP-Tiefbohren ... 78

7 Entwicklung UKP-Tiefbohren ... 79

7.1 Vorgehen ... 80
7.2 Test bekannter Bohrverfahren ... 81
7.2.1 Perkussion ... 81
7.2.2 Trepanieren ... 81
7.2.3 Schichtweiser Abtrag ... 83
7.3 Tiefbohren ... 84
7.3.1 Konzept und Randbedingungen ... 84
7.3.2 Abhängigkeit Wandwinkel von Fluenz ... 86
7.3.3 Auslegung optisches Setup ... 90
7.3.4 Abschätzung maximal erreichbares Aspektverhältnis ... 91
7.3.5 Einfluss Pulsdauer ... 92
7.4 Tiefbohroptik ... 94
7.4.1 Aufbau Tiefbohroptik ... 94
7.4.2 Prozessparameter ... 95
7.4.3 Charakterisierung ... 96
7.5 Zusammenfassung ... 105
7.6 Ergebnisse Tiefbohren mittels Tiefbohroptik ... 106

8 Zusammenfassung und Ausblick ... 111

8.1 Zusammenfassung ... 111
8.2 Fazit ... 113
8.3 Ausblick ... 114

9 Literaturverzeichnis ... 115

10 Anhang ... 127

Symbolverzeichnis

Formelzeichen	Einheit	Beschreibung
a	m	Distanz zwischen Scanner und erster Linse
A	-	Absorptionsanteil
α	°	Anstellwinkel Laserstrahlung
α_{CE}	°	Divergenzwinkel Conical Emissions
b	m	Abstand von erster Linse zu Zwischenfokus
β	°	Bohrwandwinkel
β_{rel}	°	Relativer Bohrwandwinkel
c	m	Abstand von zweiter Linse zu Zwischenfokus
c_0	m/s	Lichtgeschwindigkeit im Vakuum
C_e	J/(K·m³)	Volumenspezifische Wärmekapazität des Elektronensystems
C_g	J/(K·m³)	Volumenspezifische Wärmekapazität des Gittersystems
D_{CE}	m	Durchmesser Conical Emissions
δ	°	Divergenzwinkel
δ_{ele}	m	Diffusionslänge der Elektronen
δ_{opt}	m	Optische Eindringtiefe
δ_P	m	Eindringtiefe ins Plasma
Δz	m	Materialabtragtiefe
γ	°	Verdrehwinkel Spiralen
e	C	Elementarladung
E_p	J	Pulsenergie
ε_0	A·s/(V·m)	Elektrische Feldkonstante
f	1/s	Repetitionsrate
f_1	m	Brennweite erste Linse
f_2	m	Brennweite zweite Linse
f_{foc}	m	Brennweite Fokussierlinse
F	J/cm²	Fluenz
F_{th}	J/cm²	Schwellfluenz
F_{th}^{CE}	J/cm²	Schwellfluenz Conical Emissions
F_{th}^{dif}	J/cm²	Schwellfluenz für thermischen Abtrag
F_{th}^{opt}	J/cm²	Schwellfluenz Materialabtrag
I	W/m²	Intensität der Laserstrahlung
k	-	Imaginärer Anteil Brechungsindex
k_B	J/K	Boltzmann Konstante
κ_e	W/(m·K)	Wärmeleitfähigkeit des Elektronensystems
κ_g	W/(m·K)	Wärmeleitfähigkeit des Gittersystems
λ	m	Wellenlänge
m_e	kg	Elektronenmasse
M^2	-	Beugungsmaßzahl

Formelzeichen	Einheit	Beschreibung
n	-	Realer Anteil Brechungsindex
n_e	1/m³	Elektronen-Teilchendichte
n_{ec}	1/m³	Cut-Off Elektronendichte
N_D	-	Anzahl Teilchen innerhalb Debye-Kugel
N_{Pulse}	-	Anzahl an Pulsen
P	W	Mittlere Leistung
ϕ	°	Anstellwinkel zum Lot der Oberfläche
Q	J/(m³·s)	Energiequellterm
r_D	m	Debye-Länge
R_p	-	Reflexionsgrad parallel polarisiertes Licht
R_s	-	Reflexionsgrad senkrecht polarisiertes Licht
R_z	-	Reflexionsgrad zirkular polarisiertes Licht
σ_{DF}	-	Relativer Fehler durch Data-Fill Algorithmus
σ_{etch}	-	Relativer Fehler durch Ätzprozess
σ_{WIM}	-	Relativer Fehler durch WIM-Messung
t	m	Materialdicke
t_{Bohr}	s	Durchbohrzeit
t_D	s	Reaktionszeit
t_p	s	Pulsdauer
$t_{Prozess}$	s	Prozesszeit
T	K	Temperatur
T_e	K	Elektronen-Temperatur
T_g	K	Gitter-Temperatur
τ_{e-ph}	s	Elektron-Phonon Relaxationszeit
Γ_{e-ph}	J/(K·m³·s)	Kopplungskonstante zwischen Elektronen und Gitter
v_{scan}	m/s	Scangeschwindigkeit
v_{te}	m/s	Thermische Geschwindigkeit
V_{DF}	m³	Korrektur Abtragvolumen durch Data-Fill Algorithmus
V_{etch}	m³	Korrektur Abtragvolumen durch Ätzprozess vor Messung
V_{gem}	m³	Gemessenes Abtragvolumen
V_{ges}	m³	Gesamtes Abtragvolumen
V_{w_0}	m³	Abtragvolumen bei Fokusradius w_0
w	m	Rohstrahldurchmesser
w_0	m	Strahlradius in Fokusebene
ω_0	1/s	Rotationsfrequenz
ω_L	1/s	Kreisfrequenz der Laserstrahlung
ω_p	1/s	Elektronen-Kreisfrequenz
x	-	Anzahl Überfahrten
y_0	°	Asymptotischer Bohrwandwinkel
z	m	Tiefe
z_r	m	Rayleighlänge
$\varnothing_{außen}$	m	Außendurchmesser der Spiralen
$\varnothing_{innen}$	m	Innendurchmesser der Spiralen

1 Einleitung

Das Laserstrahlbohren ist einer der ältesten und am weitesten industriell verbreiteten Verfahren in der Lasermaterialbearbeitung. Anwendungen finden sich in der Luftfahrttechnik, dem Energiesektor, im Werkzeugbau und Automobilbau [DÜRR08], [RAPP02], [MEIJ02], [BECK11], [LEI03]. Die industriell seit langem etablierten Bohrverfahren verwenden meistens lange Pulse im Millisekundenbereich, welche zum Aufschmelzen des Materials mit anschließendem Austrieb der Schmelze führen. Jedoch wird die geometrische Präzision über die Schmelzbildung und Schmelzdynamik limitiert. Außerdem führt die thermische Belastung des Materials durch den Bohrprozess zu Defekten wie Rissbildung, wodurch beispielsweise die Lebensdauer von Turbinenkomponenten durch die Einbringung von Kühlluftbohrungen signifikant reduziert wird [EBRA18, S.82–83], [KLAB03, S.106].

Neben der schmelzbasierten Lasermaterialbearbeitung hat sich die Entwicklung in den letzten 20 Jahren auf den Materialabtrag mittels ultrakurzen Laserpulsen fokussiert. Dieser Ultrakurzpuls (UKP)-Abtrag ermöglicht einen sehr präzisen, quasi schmelzfreien Abtrag ohne thermische Belastung. Dieser geht allerdings zu Lasten einer geringen Abtragrate [KAUT94, S.610], [NOLT97, S.2721]. Neben dem oberflächennahen Abtrag findet auch das Bohren Anwendung bei der Bearbeitung mittels UKP-Laserstrahlung. Mit dem Wendelbohren wurde für Mikrobohrungen ein eigenes Bohrverfahren mit speziellen, sogenannten Wendelbohroptiken entwickelt. Diese Optiken für die Erstellung von präzisen, schmelzfreien Bohrungen haben bereits einen festen Platz in der industriellen Fertigung. Typische Einsatzbereiche von UKP-Mikrobohrungen sind bei der Herstellung von Einspritzdüsen, Tintenstrahldruckern, Elektronikkomponenten und Belüftungsbohrungen zu finden [SUGI14, S.8], [KÖNI06, S.1], [EIMA03], [HAMM18, S.14]. Die kleinen mittleren Leistungen der Laserstrahlquellen, eine geringe Abtragrate und weitere UKP-bohrspezifische Phänomene führen jedoch auch aus wirtschaftlichen Gründen zu geometrischen Begrenzungen der Mikrobohrungen typischerweise auf Durchmesser <100 µm und Materialdicken unterhalb von 1 mm [MINC17, S.4], [DAS09, S.5668]. Durch die Entwicklung von industriell verfügbaren Laserstrahlquellen mit hohen Pulsenergien und hohen mittleren Leistungen in den letzten Jahren wurden die Voraussetzungen geschaffen, die einen Einsatz von UKP-Laserstrahlung und den damit verbundenen Vorteilen auch bei weiteren Anwendungen denkbar werden lässt. Präzise, geformte Mikrobohrungen mit mehreren Millimetern Tiefe werden insbesondere in vielen Hochtechnologieanwendungen wie beispielsweise als Kühlluftbohrungen in Turbinenkomponenten, in Spinndüsen für die Faserherstellung, als Zuführung von Schmiermitteln in (Umform-)Werkzeugen oder für die Herstellung von Sieben für die Stoffaufbereitung benötigt. Diese Anwendungen können mit aktuellen Verfahren wie Langpuls-Laserbohren, Funkenerosion oder mechanisches Bohren nicht oder nur eingeschränkt adressiert werden.

Zur Erstellung von UKP-Bohrungen mit großen Bohrtiefen von 5 mm und mehr, wie sie bei den etablierten Langpulsverfahren erreicht werden, sind kaum Grundlagenuntersuchungen durchgeführt worden. Denn bisher sind Laserstrahlquellen mit entsprechenden Pulsenergien und mittleren Leistungen industriell nicht verfügbar. Nur in einzelnen, relativ neuen Veröffentlichungen werden Bohrtiefen von über 5 mm mit Forschungslasern mit sehr hoher Pulsenergie erreicht [FÖRS18, S.11552], [HENN20, S.2520], [ZAHE19, S.5]. Da hier das Perkussionsbohren als Bohrtechnik verwendet wird, werden weiterhin konische Bohrungen erzeugt, deren Form nicht genau einstellbar ist. Bestehende Wendelbohroptiken könnten Abhilfe bieten, diese sind jedoch nicht für die großen Bohrungsgeometrien, hohen Laserleistungen und hohen Abtragraten ausgelegt.

In dieser Arbeit wird daher untersucht, inwieweit mit UKP-Laserstrahlung sehr tiefe, zylindrische Bohrungen hergestellt werden können. Je nach Wahl des Bohrverfahrens werden vor allem hohe Pulsenergien oder hohe mittlere Leistungen zum Erreichen der Bohrtiefe benötigt, weshalb ein Fokus in den Untersuchungen auf den Einfluss dieser Parameter auf den Abtrag- und Bohrprozess gelegt wird. Dafür wird eine industriell verfügbare Laserstrahlquelle der neuesten Generation verwendet, welche die genannten Laserparameter zur Verfügung stellen kann und in den kommenden Jahren verbreitet verfügbar sein wird. Auf Basis der grundlegenden Untersuchungen wird dann die Eignung verschiedener Bohrverfahren für ein möglichst produktives Tiefbohrverfahren mittels UKP-Laserstrahlung untersucht und bewertet. Die Anforderungen zur Strahlauslenkung zum Tiefbohren werden anschließend in ein Optikkonzept übertragen, mit welchem ein Bohrverfahren zum Erreichen der geforderten tiefen, zylindrischen Bohrungen entwickelt und charakterisiert wird.

2 Zielsetzung und Vorgehensweise

2.1 Zielsetzung

Ziel dieser Arbeit ist die Bestimmung und Einordnung der wesentlichen Einflussfaktoren, welche die Qualität und Abtragrate beim Tiefbohren mittels UKP-Laserstrahlung bestimmen. Hier werden sowohl hohe Fluenzen (>>10 J/cm²) als auch hohe mittlere Leistungen (>>10 W) benötigt, um große Bohrtiefen zu erreichen. Die genannten Parameter erzeugen eine Reihe von Effekten, die signifikante Auswirkungen auf den Bohrprozess haben und bisher nur ansatzweise untersucht wurden. In dieser Arbeit werden die beim Tiefbohren auftretenden Effekte und deren Mechanismen daher im Detail aufgezeigt und eingeordnet. Einen Überblick über die Einflussfaktoren und auftretende Effekte gibt die Skizze in Bild 1. Die Liste an Einflussfaktoren umfasst eine Vielzahl an Aspekten von der Bohrungsgeometrie über das Bohrverfahren bis hin zu den Prozessparametern wie Laserparameter, Strahlformung, Prozessgas oder Scanstrategie. In Abhängigkeit der Einflussfaktoren treten dabei Effekte wie Mehrfachreflexionen, Plasmaentstehung, Wärmeakkumulation, Schmelzbildung und ein Wechsel des Abtragmechanismus auf.

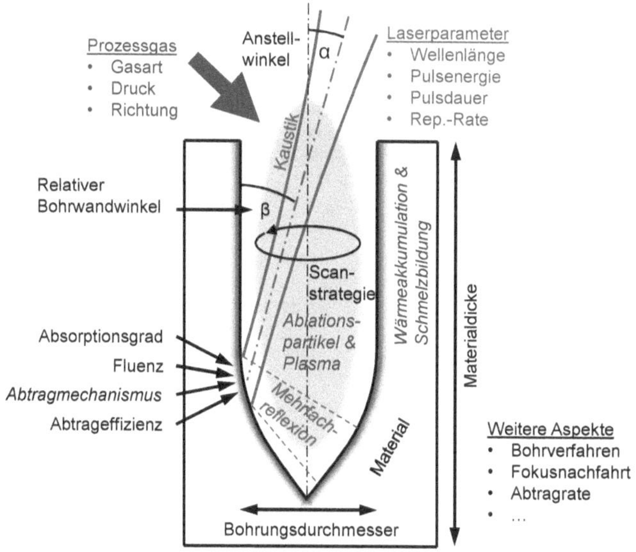

Bild 1: Schematische Darstellung der möglichen Einflussfaktoren und Effekte (in kursiv), die beim Tiefbohren mittels ultrakurzen Laserpulsen eine Rolle spielen.

Auf der Grundlage der gewonnenen Erkenntnisse werden anschließend verschiedene Bohrverfahren auf ihre Eignung zur Herstellung von tiefen, zylindrischen Bohrungen mittels UKP-Laserstrahlung untersucht. Die wissenschaftliche Fragestellung lautet somit:

1. Verschiedene Mechanismen beeinflussen die Abtragrate beim Tiefbohren von Metallen mit ultrakurz gepulster Laserstrahlung hoher Fluenz und hoher mittlerer Leistung. Daraus ergeben sich die folgenden beiden Fragestellungen:
   a. Wie entwickelt sich der Abtrag pro Puls bei hohen Fluenzen und welche Mechanismen führen zu den beobachteten Phänomenen?
   b. Welche Mechanismen unterstützen oder behindern die Erhöhung der Abtragrate durch Wärmeakkumulation bei hohen mittleren Leistungen?
2. Existiert ein Bohrverfahren, mit dem mittels UKP-Laserstrahlung Tiefbohrungen mit hoher geometrischer und metallographischer Qualität erstellt werden können?
3. Welche System- und Prozesstechnik ist geeignet solche tiefen, hochpräzisen Bohrungen zu erzeugen?

Im Rahmen dieser Arbeit steht eine hohe geometrische und metallographische Qualität für die charakteristischen Bearbeitungsergebnisse von UKP-Mikrobohrungen, die sich durch vernachlässigbare Schmelzschichtdicken, geringen Toleranzen der Bohrungsdurchmesser und scharfkantige Ein- und Austritte auszeichnen. Die Abtragrate wird in Form der maximalen Abtragtiefe pro Puls und des Abtragvolumens pro Puls dargestellt.

Eine repräsentative Anwendung für Tiefbohrungen mit einem Aspektverhältnis ≥10 ist die Einbringung von Kühlluftbohrungen in Wärmedämmschichtmaterial für Turbinenkomponenten. Eine typische Bohrung hat einen Durchmesser von 500 µm bei 5 mm Bohrungstiefe, welche als die zu erreichende Zielgeometrie für die Untersuchung der zweiten und dritten Forschungsfrage definiert wird. Die genannte Bohrgeometrie steht stellvertretend für eine Vielzahl von weiteren Anwendungen, bei denen präzise Tiefbohrungen benötigt werden und direkt von dieser Entwicklung profitieren.

Der angestrebte Zielkorridor für diese Arbeit ist zudem in Bild 2 dargestellt. In dem Bild werden die bekannten Bohrverfahren beim Langpuls- und UKP-Bohren von Tiefbohrungen mit Aspektverhältnis von 10 in Abhängigkeit des erreichbaren Bohrungsdurchmessers und Bohrvolumens und der Toleranz des Bohrungsdurchmessers als Qualitätsmerkmal schematisch dargestellt. Beim Langpulsbohren wird die erreichbare Toleranz des Bohrgeometrie primär durch die Schmelzbildung und somit Schmelzschichtdicke definiert. Diese ist beim UKP-Bohren vernachlässigbar, daher werden hier deutlich geringere Toleranzen erreichbar. Wie zuvor dargestellt, wird der Bereich mit großen Bohrungsdurchmessern >>Ø100 µm und geringen Toleranzen bisher von keinem Bohrverfahren abgedeckt und definiert das Ziel dieser Arbeit. Zum Erreichen der angestrebten Qualität ist die Nutzung von UKP-Laserstrahlung alternativlos, die Schmelzentstehung beim Langpulsbohren verhindert das Erreichen des Zielkorridors. Tiefe Bohrungen mittels UKP-Laserstrahlung zu erzeugen kann über zwei Wege erreicht werden. Zum einen über die Anpassung der Bohrtechniken, welche vom Langpulsbohren bekannt ist, für UKP-Laserstrahlung. Hierbei muss vor allem die Qualität in der Form einer geringeren Schmelzschichtdicke und Toleranz der Bohrungsgeometrie erhöht werden. Der zweite Weg beginnt beim klassischen UKP-Bohren von Mikrobohrungen.

Während die Bohrungsqualität bereits gegeben ist, muss durch die Erhöhung des Bohrdurchmessers das Abtragvolumen um den Faktor 1000 gesteigert werden, um den Zielkorridor zu erreichen. Der Fokus der Untersuchungen steht hierbei vor allem auf der Erhöhung der Abtragrate und erreichbaren maximalen Tiefe. Ausgehend von einer Prozesszeit von wenigen Sekunden pro Mikrobohrung wird sonst die Bohrdauer der Zielgeometrie bei mehreren 1000s liegen, da die Abtragrate mit größerer absoluter Bohrtiefe zusätzlich abfällt.

Bild 2: Schematische Darstellung der Zielsetzung der Arbeit unter dem Aspekt des Bohrungsdurchmessers und der Qualität im Vergleich zum Stand der Technik

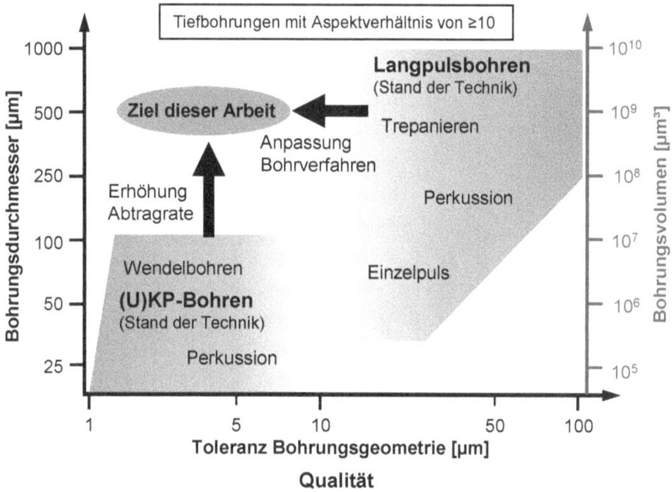

2.2 Vorgehensweise

Die Arbeit startet in Kapitel 3 mit einem Überblick über die Interaktion von Laserstrahlung und Materie bei hohen Intensitäten. Dabei entstehen Plasmen, deren Erzeugung und Verhalten beschrieben werden. Anschließend wird der Abtragprozess dargestellt und die Besonderheiten beim Bohren bei Verwendung ultrakurzer Laserpulse aufgeführt und der Stand der Wissenschaft diskutiert. Zuletzt wird die aktuell verwendete optische Systemtechnik zum UKP-Bohren vorgestellt. In Kapitel 4 werden die verwendeten experimentellen Versuchsaufbauten beschrieben und die Auswertemethoden dargestellt. Der in dieser Arbeit beschrittene Weg zur Klärung der Forschungsfragen wird graphisch in Bild 3 dargestellt. Die einzelnen Arbeitspakete werden hier als Funktion der Anzahl der verwendeten Laserpulse beziehungsweise Bohrtiefe (Y-Achse) und dem Pulsüberlapp (X-Achse) dargestellt. Die Grundlagenuntersuchungen zum Abtrag bei hohen Fluenzen und hohen mittleren Leistungen starten bei einigen 10 Pulsen. Auf dem Weg zu den Bohrverfahren für große und tiefe Bohrungen mit vielen Millionen Pulsen wird dann schrittweise die Anzahl der verwendeten

Pulse erhöht. Mit Erhöhung der Anzahl an Pulsen treten weitere Effekte auf, die nacheinander untersucht werden und in den Zwischenschritten adressiert werden. In Abhängigkeit des Pulsüberlapps sind zwei Hauptwege zu erkennen. Der erste Weg bleibt während der Steigerung der verwendeten Anzahl an Pulsen bei hohen Pulsüberlappen und resultiert im Perkussionsbohren oder Trepanieren, während der zweite Weg durch eine schnelle Strahlablenkung bei einem geringeren Pulsüberlapp ähnlich zum klassischen UKP-Abtragprozess charakterisiert wird. Die erste Forschungsfrage wird in den Grundlagenuntersuchungen adressiert, wobei die Abtragrate je nach Untersuchung über die Abtragtiefe pro Puls, das Abtragvolumen pro Puls oder über die Durchbohrzeit charakterisiert wird. Anschließend werden verschiedene Bohrverfahren auf ihre Eignung zum Tiefbohren mittels UKP-Strahlung untersucht, womit die zweite und dritte Forschungsfrage adressiert wird. Die Einordnung der Bohrergebnisse geschieht über die Produktivität primär in Form von der Prozesszeit und über die Qualität in Form der Bohrungsgeometrie und der Existenz von Schmelze.

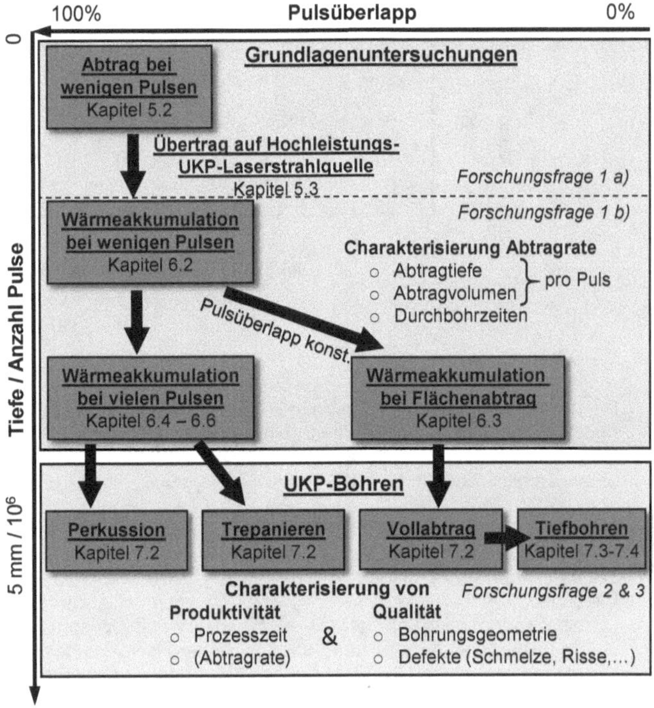

Bild 3: Schematische Darstellung der Vorgehensweise in dieser Arbeit von den Grundlagenuntersuchungen bis zum UKP-Bohren, aufgetragen über den Pulsüberlapp und der Bohrtiefe bzw. Anzahl der Pulse

Die Untersuchungen zum Abtrag bei wenigen Pulsen und hohen Fluenzen mit einer Forschungslaserstrahlquelle adressieren den ersten Teil der ersten Forschungsfrage und werden in Abschnitt 5.2 dargestellt. Anschließend wird in Abschnitt 5.3 überprüft, inwieweit die Ergebnisse mit einer Hochleistungs-UKP-Laserstrahlquelle reproduziert werden können, bei der sich Pulsdauer und Wellenlänge unterscheiden. Mit dieser Laserstrahlquelle wird anschließend der Einfluss von Wärmeakkumulation auf die Abtragrate in Kapitel 6 im Detail untersucht und damit Teil zwei der ersten Forschungsfrage adressiert. Denn die Wärmeakkumulation ist der dominierende Effekt bei Erhöhung der eingebrachten mittleren Leistung. Abschnitt 6.2 behandelt die Auswirkungen von Wärmeakkumulation bei höheren Repetitionsraten bei wenigen Pulsen. Inwieweit die Erkenntnisse auf einen flächigen Abtrag und somit geringeren Pulsüberlapp übertragen werden können, wird anschließend in Abschnitt 6.3 untersucht. Die maximale Ausprägung der Effekte der Wärmeakkumulation wird dann durch eine weitere Erhöhung der Anzahl der Pulse pro Stelle untersucht, was einem Perkussionsbohrverfahren entspricht (Abschnitt 6.4). In diesem Abschnitt wird auch die lokale, tiefenabhängige Abtragrate untersucht. Die Ergebnisse der Untersuchungen finden anschließend in Kapitel 7 in der Untersuchung von UKP-Tiefbohrverfahren ihre Anwendung (Forschungsfrage 2). Einen kurzen Überblick über die mit Perkussion, Trepanieren und Vollabtrag, welches auf dem klassischen flächigen UKP-Abtrag basiert, erreichbaren Bohrungsgeometrien gibt Abschnitt 7.2. In Abschnitt 7.3 werden dann die Randbedingungen abgeleitet, die ein neues Tiefbohrverfahren zur Erstellung von tiefen Bohrungen erfüllen muss. Ebenfalls in diesem Abschnitt werden theoretische und experimentelle Untersuchungen zum minimal erreichbaren Winkel zwischen Bohrungswand und Laserstrahlung vorgestellt. Auf deren Grundlage wird ein Modell zur Berechnung des optischen Aufbaus und der Prozessparameter für das Tiefbohren auf Basis der vorgegebenen Bohrungsgeometrie erstellt. Abschließend wird in Abschnitt 7.4 eine eigens für das Tiefbohren entwickelte Tiefbohroptik vorgestellt, welche die abgeleiteten Anforderungen erfüllt und somit eine Lösung für die dritte Forschungsfrage darstellt. Die Tiefbohroptik wird charakterisiert und Bohrprozesse zum Erreichen der angestrebten zylindrischen Bohrungen entwickelt. Zum Abschluss werden einige Beispiele aufgezeigt, welche Bohrungsgeometrien mit dem entwickelten Tiefbohrverfahren erreicht werden können. Kapitel 8 beendet die Arbeit mit einer Zusammenfassung der Ergebnisse und einem Ausblick über weitere offene Forschungsfragen.

3 Grundlagen und Stand von Wissenschaft und Technik

Diese Arbeit fokussiert sich auf den Materialabtrag von Metallen beim Bohren mittels ultrakurzen Laserpulsen, deren Pulsdauer unterhalb oder in der gleichen Größenordnung wie die Elektronen-Phononen Wechselwirkungszeit liegt. Dies ermöglicht einen geometrisch sehr präzisen Abtrag. Außerdem finden die physikalischen Modelle Anwendung, welche die Energiedeposition und den Abtragprozess zeitlich voneinander entkoppeln. Aufgrund der kurzen Pulsdauern haben die Laserpulse eine hohe Intensität, die in Wechselwirkung mit Materie Plasmen bilden können. Daher beginnt dieses Kapitel mit einer kurzen Einführung zu der Beschreibung von Plasmen und insbesondere den Effekten, die zur Entstehung solcher führen. Anschließend wird der Abtragprozess von Metallen bei der Bestrahlung mittels ultrakurzen Laserpulsen beschrieben. Bei der Erstellung von Bohrungen mittels UKP-Laserstrahlung treten noch eine Reihe weitere bohrspezifische Effekte auf, die ebenfalls aufgezeigt werden. Anschließend wird das Delta zwischen dem aktuellen Stand der Wissenschaft und den in dieser Arbeit durchgeführten Untersuchungen dargestellt. Zuletzt werden die bekannten Bohrverfahren und Verfahren zur Strahlablenkung und Strahlanstellung vorgestellt, mit denen Mikrobohrungen mittels UKP-Laserstrahlung aktuell hergestellt werden.

3.1 Plasmen

Ein Plasma ist ein ionisiertes Gas, welches durch die lokale Trennung von Ionen und Elektronen besondere Eigenschaften aufweist. Die Ladungstrennung und Ladungsbewegung führen zu elektrischen und magnetischen Feldern im Plasma, in denen viele Phänomene eines Plasmas begründet liegen. Insgesamt bleibt das Plasma aber quasineutral, hat also als Ganzes keine ausgeprägte elektrische Ladung. Der Ionisierungsgrad eines Plasmas kann zudem sehr unterschiedlich sein und von einzelnen geladenen Teilchen bis zu einer zur kompletten Ionisation aller Teilchen reichen. [GOLD03, S.1]

Durch die Trennung der Elektronen von ihren Atomrümpfen können sich die Elektronen quasi frei bewegen und können daher als Elektronengas beschrieben werden. Das Verhalten der Elektronen kann dann in grundlegenden Aspekten mit der Drude Theorie erfasst werden. Einige der Erkenntnisse aus der Beschreibung eines Plasmas können außerdem auf das Verhalten von Metallen übertragen werden, da sich die Elektronen im Leitungsband ähnlich frei bewegen können. [POPR11, S.25]

Eine zentrale Größe zur Beschreibung eines Plasmas ist die sogenannten Debye-Länge

3.1

$$r_D = \sqrt{\frac{\varepsilon_0 k_B T_e}{e^2 n_e}},$$

welche über die Distanz der lokalen Trennung der geladenen Teilchen definiert wird. Dabei ist r_D die Debye-Länge, ε_0 die elektrische Feldkonstante, $k_B T$ die Elektronen-Energie als Produkt aus der Boltzmann-Konstante k_B und der Temperatur T, e die Elementarladung und n_e die Teilchendichte der Elektronen. Für Distanzen oberhalb der Debye-Länge ist die Quasineutralität des Plasmas wiederhergestellt, da die lokale Ladungstrennung innerhalb der Debye-Länge von der Umgebung abgeschirmt wird. Die Debye-Länge wird hier unter Vernachlässigung der Bewegung der Ionen angegeben, da die Elektronen durch ihre deutlich geringere Masse auf elektrische Felder viel schneller reagieren können und somit die elektrischen Eigenschaften eines Plasmas dominieren. [GOLD03, S.15], [POPR11, S.540]

Beispielsweise ergibt sich bei der Bestrahlung von Metallen mit einer Fluenz von 350 J/cm² bei 0,7 ps Pulsdauer für die Debye-Länge ein Wert von ~$1\dot{A}$ [THEO99, S.3552]. Da die Approximation der Debye-Länge aus der Maxwell-Boltzmann-Verteilung abgeleitet wird, müssen innerhalb der Debye-Länge genügend geladene Teilchen vorhanden sein, um eine statistische Verteilung dieser zu rechtfertigen. Eine Abschätzung der Anzahl der Teilchen innerhalb der Debye-Kugel

3.2

$$N_D = \frac{4}{3}\pi\, n_e r_D^3$$

ergibt für den genannten Fall allerdings nur eine Teilchenzahl von ~3.5. Die Annahme ist daher nur begrenzt erfüllt, welches in der Realität bei laserinduzierten Plasmen zu größeren Abschirmungslängen als durch die Debye-Länge angegeben führt. [GIBB16, S.53]

Wird nun durch das Auftreten eines elektrischen Feldes oder die Erzeugung eines geladenen Teilchens eine Störung in das Gleichgewicht eines Plasmas eingebracht, kann die Reaktionszeit des Plasmas bis zur Anpassung an die neue Situation bestimmt werden. Die Reaktionszeit

3.3

$$t_D \cong \frac{r_D}{v_{te}}$$

zur Wiederherstellung der Quasineutralität kann dann als die charakteristische Zeit angesehen werden, in der die Elektronen mit ihrer thermischen Geschwindigkeit

3.4

$$v_{te} = \sqrt{\frac{k_B T_e}{m_e}}$$

die Strecke des Debye-Länge (Formel 3.1) zurückgelegt haben. [GIBB16, S.55]. m_e ist dabei die Masse der Elektronen. Nach Einsetzen von Formel 3.1 und 3.4 in Formel 3.3 ergibt sich für die charakteristische Zeit

3.5

$$t_D = \sqrt{\frac{\varepsilon_0 m_e}{e^2 n_e}} := \omega_P^{-1},$$

wobei ω_P der Elektronen-Kreisfrequenz entspricht. Die über die Coulomb-Kräfte beschleunigten Elektronen schießen aufgrund ihrer Trägheit anschließend an der neutralen Lage vorbei. Dies führt zu einer Oszillation der Elektronen mit der Kreisfrequenz ω_P, welche Plasmafrequenz genannt wird und der Inversen der charakteristischen Reaktionszeit der Elektronen entspricht. [GIBB16, S.55]

Ist die Plasmafrequenz ω_P größer als die Kreisfrequenz eines elektromagnetischen Felds

3.6
$$\omega_L = 2\pi \frac{c_0}{\lambda}$$

mit der Wellenlänge λ und der Lichtgeschwindigkeit im Vakuum c_0, wird dieses abgeschirmt. In diesen Fällen ist der komplexe Brechungsindex des Plasmas imaginär und führt zu einem hohen Reflexionsgrad und einer geringen Eindringtiefe. Da die Plasmafrequenz nur von der Elektronendichte abhängt, kann eine sogenannte Cut-Off Elektronendichte

3.7
$$n_{ec} = \frac{4\pi^2 {c_0}^2 \varepsilon_0 m_e}{e^2 \lambda}$$

bestimmt werden, ab der $\omega_P = \omega_L$ gilt und somit das Plasma ein elektromagnetisches Feld reflektiert [GOLD03, S.264]. Bei einer Wellenlänge von λ = 1030 nm führt dies zu einer Cut-Off Elektronendichte von $n_{ec} \approx 1 \cdot 10^{21}\ cm^{-3}$. In dichten Plasmen mit $n_e > n_{ec}$ ergeben sich damit Eindringtiefen von

3.8
$$\delta_P = \frac{c_0}{\omega_p}.$$

Bei der vereinfachten Betrachtung von Metallen als Plasma ergibt sich bei einer Elektronendichte von $n_e \approx 1 \cdot 10^{23}\ cm^{-3}$ eine Eindringtiefe von $\delta_P \approx 17\ nm$, welches sehr gut mit experimentellen Ergebnissen übereinstimmt [MANN04, S.285], [LEHA05, S.327], [NEDI04, S.641], [MING09, S.75].

In technisch erzeugten Plasmen wird typischerweise kein thermodynamisches Gleichgewicht erreicht. Um die Beschreibung der Plasmen trotzdem zu ermöglichen, wird ein lokales thermisches Gleichgewicht (LTE) angenommen, in denen Temperatur- und Dichtegradienten klein im Vergleich zur freien Weglänge der Teilchen sind. Die Annahme ist gerechtfertigt, wenn die Stoßprozesse gegenüber den Strahlungsprozessen überwiegen. [GOLD03, S.149], [POPR11, S.146]

Für die Ausbildung eines Plasmas während oder nach der Bestrahlung mittels Laserstrahlung müssen freie Elektronen vorliegen. Diese entstehen über verschiedene Wechselwirkungen zwischen der elektromagnetischen Strahlung und den an den Atomen gebundenen Elektronen [GOLD03, S.1]. Nachfolgend wird eine kurze Übersicht über die Effekte gegeben, welche bei der Bestrahlung von Metallen freie Elektronen erzeugen:

Photoeffekt

Sowohl beim äußeren Photoeffekt als auch bei der Photoionisation wird ein Elektron durch den Austausch von Energie mit einem Photon aus seiner Bindung gelöst. Da in diesem Fall die Photonenenergie mindestens so groß wie die Bindungsenergie des Elektrons sein muss, werden bei Metallen unter normalen Bedingungen Photonen mit Wellenlängen im UV-Bereich benötigt, um die Elektronen aus dem Leitungsband zu trennen. Während der Einkopplung von Laserstrahlung verringert sich die Bindungsenergie durch thermische Anregung (siehe Edison-Richardson-Effekt) und einer Potentialverzerrung (siehe Tunnelionisation & Feldionisation), sodass auch Photonen größerer Wellenlänge und somit geringerer Photonenenergie den Photoeffekt auslösen können. [BÄUE11, S.35]

Edison-Richardson-Effekt

Mit dem Edison-Richardson-Effekt wird die Überwindung der Austrittsarbeit der Elektronen durch ihre thermische Energie erklärt. Bei Erhöhung der Temperatur steigt die Wahrscheinlichkeit an, dass die hochenergetischen Elektronen im Rahmen der Fermi-Verteilung die notwendige Energie zum Austreten aus dem Valenzband erhalten. Nennenswerte Emissionsraten werden erst ab einigen Tausend Grad Kelvin erreicht, jedoch trägt der Effekt bereits zuvor zu einer Verringerung der Bindungsenergie bei. [BÄUE11, S.134], [HÜGE09, S.153]

Multi-Photonen Ionisation

Multi-Photonen Ionisation ist ein nichtlinearer Effekt, bei dem bei hohen Intensitäten mehrere Photonen an der Anregung und Aussendung eines Elektrons beteiligt sind. Dies kann über kohärente Multi-Photonen Absorption erfolgen, in welcher innerhalb der Zeitunschärfe zwei oder mehrere Photonen von einem Elektron absorbiert werden müssen. Im Fall einer sequenziellen Multi-Photonen Absorption wird das Elektron über das erste Photon auf eine Zwischenebene gehoben und mit dem zweiten Photon die Aussendung des Elektrons aus der Bindung erreicht. [BÄUE11, S.28], [BÄUE11, S.134], [TIEN99, S.3883]

Tunnelionisation & Feldionisation

Bei der Tunnelionisation verzerrt das elektrische Feld des Laserpulses den Potentialverlauf, sodass Elektronen durch den Tunneleffekt die Potentialbarriere überwinden können. Wird die Intensität des Laserpulses weiter erhöht, verzerrt das elektrische Feld den Potentialverlauf so weit, dass Elektronen die Potentialbarriere direkt überwinden können. Bereits bei geringeren Intensitäten und damit elektrischen Feldern wird bei Metallen die Austrittsarbeit durch die Verzerrung des Potentialverlaufs verringert (Schottky-Effekt), wodurch andere Emissions-Effekte (Photoeffekt und Edison-Richardson-Effekt) getriggert werden oder deren Effizienz erhöht wird. [TIEN99, S.3884]

Bei der Einkopplung von Laserstrahlung mit hoher Intensität in Metallen finden die meisten zuvor erwähnten Effekte gleichzeitig statt. Die hohe Intensität führt zu dem Auftreten von Feldionisation und Multi-Photonen Ionisation. Außerdem werden durch den Edison-Richard-Effekt und den Schottky-Effekt die Höhe der Potentialbarriere der Elektronen im Leitungsband herabgesetzt, sodass der Photoeffekt bereits bei Laserpulsen mit Wellenlängen im sichtbaren oder Nahinfrarot (NIR)-Bereich auftritt. Nach der Freisetzung der Elektronen findet eine weitere Beschleunigung der Elektronen über das elektrische Feld durch die sogenannte inverse Bremsstrahlung statt, welche der dominierende Absorptionsmechanismus von Laserstrahlung im NIR-Bereich ist. Dabei werden die Elektronen durch die

Absorption weiterer Photonen beschleunigt, wobei zur Impulserhaltung beim Energieübertrag auch ein Atom in der Nähe des Elektrons vorhanden sein muss. Die hochenergetischen, freien Elektronen lösen zudem über Stoßionisation weitere Elektronen aus dem Leitungsband heraus, welche ihrerseits weitere freie Elektronen erzeugen. Dieser sprunghafte Anstieg der Ionisationsrate wird Avalanche-Ionisation genannt. [BÄUE11, S.221], [HÜGE09, S.169],

3.2 Abtragprozess

Bei der Verwendung von ultrakurzen Laserpulsen für den Materialabtrag liegen acht zeitliche Größenordnungen zwischen der Deponierung der Energie eines Laserpulses und dem abgeschlossenen Materialabtrag. Die Übertragung der Energie des Laserpulses auf die Elektronen geschieht innerhalb von 10 fs. Der Materialabtrag beginnt nach ~100 ps und ist erst Mikrosekunden später abgeschlossen [KÖRN97, S.75], [MING08, S.920], [KÖNI06, S.90], [HAAN20, S.12102], [WINT20, S.8], [RETH04, S.768], [BÄUE11, S.284]. Währenddessen treten eine Reihe von Abtragmechanismen auf, die abhängig von Fluenz, Pulsdauer, Material und Wellenlänge sind [KÖNI06, S.90]. Einen Überblick über die in den jeweiligen Zeitskalen dominierenden Mechanismen gibt Bild 4. Entlang dieser Übersicht wird im Folgenden der Abtragprozess beschrieben.

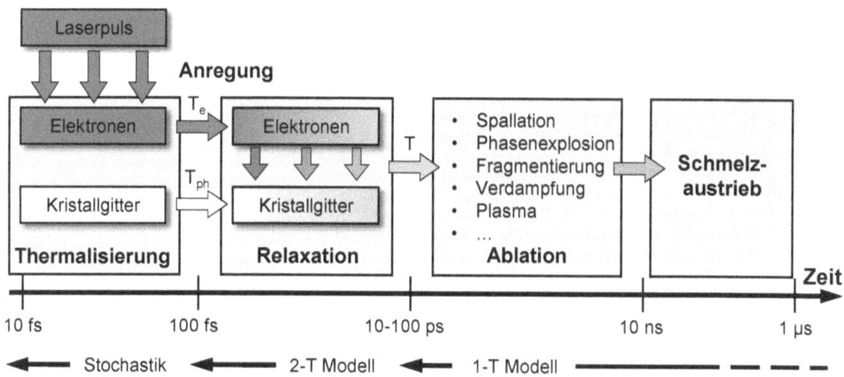

Bild 4: Schematische Darstellung der Mechanismen, die nach der Bestrahlung eines Metalls mit einem ultrakurzen Laserpuls von 100 fs zum Materialabtrag auftreten. Die Mechanismen sind auf Grundlage der Zeitskalen angeordnet, in denen sie auftreten. Außerdem ist auch das mathematische Modell angegeben, das in den jeweiligen Zeitskalen zur Beschreibung der Mechanismen verwendet werden muss. Bild nach [RUF04, S.60]

3.2.1 Anregung und Thermalisierung der Elektronen

Wie in Abschnitt 3.1 gezeigt, erfolgt die Energieeinkopplung von Laserstrahlung in Metalle analog zur Beschreibung der Wechselwirkung mit einem Plasma. Die hohe Elektronendichte der quasifreien Elektronen im Leitungsband führt zu einem hohen Reflexionsgrad und einer optische Eindringtiefe der Laserstrahlung von wenigen zehn Nanometern. Die quasifreien Elektronen im Leitungsband in dieser Schicht werden dann innerhalb von ~10 fs über inverse Bremsstrahlung beschleunigt [BÄUE11, S.15], [BÄUE11, S.292]. Dabei wird innerhalb von Femtosekunden die Absorption der Laserstrahlung durch die Elektronen erhöht[1] [HAAN20, S.12096], [WINT20, S.8], [SOTR15, S.1], [HÜTT02, S.6701]. Nach einigen 10-100 fs sind die Elektronen im Bereich der Eindringtiefe des Laserpulses über häufige Stöße untereinander thermalisiert [VANK05, S.6824], [RETH99, S.111]. Durch einzelne hochenergetische Elektronen (sogenannte ballistische Elektronen, kann das angeregte Volumen noch vergrößert werden, da diese tiefer in das Material eindringen. Bei den Übergangsmetallen führt die hohe Elektron-Elektron Stoßfrequenz zu einer Thermalisierung der Elektronen innerhalb von 100 fs. In dieser Zeit bleiben die ballistischen Elektronen in dem Bereich der optischen Eindringtiefe und können daher für den Energietransport in das Material hinein vernachlässigt werden. Bei Edelmetallen muss dieser Energietransport allerdings berücksichtigt werden, da hier aufgrund der niedrigeren Elektron-Elektron Stoßfrequenz eine Thermalisierung der Elektronen untereinander deutlich länger andauert[2]. [WELL99, S.4], [IVAN09, S.9725], [JIA19, S.789], [HOHL00, S.257]

Ein Teil der Elektronen kann zudem auch über die zuvor genannten Mechanismen zur Entstehung von freien Elektronen komplett aus dem Leitungsband herausgelöst werden. Diese Elektronen werden dann äquivalent zu den quasifreien Elektronen oberhalb der Materialoberfläche ebenfalls über inverse Bremsstrahlung weiter angeregt.

3.2.2 Relaxation

Das Kristallgitter selbst kann nur über Stöße mit den Elektronen angeregt werden. Dieser Prozess ist allerdings über eine Größenordnung langsamer als die Thermalisierung der Elektronen untereinander, da durch den großen Massenunterschied von vier Größenordnungen zwischen Elektronen und den Atomrümpfen bei jedem Stoß nur ein geringer Energiebetrag übertragen werden kann. Die Zeitkonstante, mit der die Relaxation von Kristallgitter und Elektronen beschrieben wird, wird Elektron-Phonon Relaxationszeit $\tau_{\mathrm{e-ph}}$ genannt. Nach einem Vielfachen dieser Relaxationszeit befinden sich Elektronen und Kristallgitter im thermischen Gleichgewicht. Typische Zeiten für τ_{e-ph} sind für Übergangsmetalle in der Größenordnung von wenigen Pikosekunden und bei Edelmetallen einige 10 Pikosekunden. Dabei diffundieren die hochenergetischen Elektronen weiter in das Material hinein, bis ein thermisches Gleichgewicht hergestellt ist. Mit der Thermalisierung des Kristallgitters wird auch der Materialabtrag initiiert. Da bei Edelmetallen im Vergleich zu Übergangsmetallen

1 Die Aufheizung der Elektronen führt zu einer Verbreiterung der Fermi-Dirac Verteilung. Dadurch kann die Laserstrahlung stärker mit den gebundenen Elektronen interagieren, welches zu einer Erhöhung der Absorption an den Elektronen führt.

2 Edelmetalle haben vollständig gefüllte d-Bänder, weshalb hier deutlich weniger quasi-freie Elektronen zur Thermalisierung bereitstehen. Daher ist die Elektron-Elektron Stoßfrequenz geringer und führt zu längeren Thermalisierungszeiten.

die Thermalisierung länger dauert und somit die hochenergetischen Elektronen tiefer in das Material eindringen können, zeigen diese am Ende des Abtragprozesses auch größere Einschmelztiefen. [WELL99, S.1], [KÖRN97, S.83], [JIA19, S.789]

Zur Beschreibung der unterschiedlichen Energie beziehungsweise Temperatur von Elektronen und Gitter wurde ein einfaches, theoretisches Modell eingeführt. Das sogenannte 2-Temperaturen Modell behandelt dabei Gitter (Index g) und Elektronensystem (Index e) separat und kann über die folgenden beiden Gleichungen beschrieben werden: [WELL99, S.1], [CHIC96, S.109], [NOLT97, S.2718], [ANIS74, S.375], [BÄUE11, S.292]

3.9
$$C_e(T_e)\frac{\partial T_e}{\partial t} = \nabla\left[\kappa_e(T_e, T_g)\nabla T_e\right] - \Gamma_{e-ph}(T_e)\left[T_e - T_g\right] + Q(x_i, t)$$

3.10
$$C_g\left(T_g\right)\frac{\partial T_g}{\partial t} = \nabla\left[\kappa_g\left(T_g\right)\nabla T_g\right] + \Gamma_{e-ph}(T_e)\left[T_e - T_g\right]$$

C_e und C_g sind dabei die volumenspezifischen Wärmekapazitäten, κ_e und κ_g die Wärmeleitfähigkeiten, Γ_{e-ph} entspricht der Kopplungskonstante zum Energieübertrag zwischen Elektronen und Gitter und Q ist ein orts- und zeitabhängiger Energiequellterm. Die Kopplungskonstante

3.11
$$\Gamma_{e-ph} \approx \frac{C_e}{\tau_{\mathrm{e-ph}}}$$

ist dabei ungefähr antiproportional zur Elektron-Phonon Relaxationszeit $\tau_{\mathrm{e-ph}}$ [BÄUE11, S.294].

Die Gleichungen geben den zeitlichen Temperaturverlauf als Resultat der Wärmeleitung (erster Term) und dem Energieaustausch zwischen Elektronen- und Gittersystem (zweiter Term) an. Die Anregung des Elektronensystems durch die Bestrahlung mit Laserstrahlung wird durch den Quellterm Q dargestellt. Die Verteilung der Energiezufuhr Q kann für eine 1D-Approximation in Abhängigkeit der Tiefe z über das Lambert-Beer'sche Gesetz bestimmt werden: [NOLT97, S.2718], [BÄUE11, S.292]

3.12
$$Q(z, \mathrm{t}) = \frac{A}{\delta} I(t) e^{-\frac{z}{\delta}}$$

δ ist die Eindringtiefe der Strahlung im Material, A entspricht dem Absorptionsanteil der Laserstrahlung an der Oberfläche und I entspricht der Intensität der Laserstrahlung.

3.2.3 Ablation

Auf Grundlage des 2-Temperaturen Modells kann für ultrakurze Pulse mit Pulsdauern, die klein im Verhältnis zur Elektron-Phonon Relaxationszeit $\tau_{\mathrm{e-ph}}$ sind, ein einfaches Modell für den Abtrag pro Puls abgeleitet werden. Die örtliche Aufheizung des Elektronensystems ist dann nur noch vom Quellterm und der Wärmeleitung der hochenergetischen Elektronen abhängig. Diese beiden Terme definieren somit, bis zu welcher Tiefe das Elektronensystem und nachfolgend das Gittersystem aufgeheizt wird und Materialabtrag stattfindet. Unter der vereinfachten Annahme von konstanten Wärmekapazitäten und Wärmeleitfähigkeiten von Elektronen- und Gittersystem können so zwei Regime bestimmt werden, in denen die Materialabtragtiefe Δz mit einer einfachen Formel bestimmt werden kann [BÄUE11, S.295], [NOLT97, S.2720], [MOMM96, S.140]:

3.13
$$\Delta z = \delta_{opt} \ln \frac{F}{F_{th}^{opt}} \quad für\ 0 \leq F < F_{th}^{dif}$$

3.14
$$\Delta z = \delta_{ele} \ln \frac{F}{F_{th}^{dif}} \quad für\ F \geq F_{th}^{dif}$$

δ_{ele} entspricht der Diffusionslänge der Elektronen und F_{th} entspricht der Schwellfluenz für die jeweils dominierenden Regime. Die Abtragtiefe ist in beiden Gleichungen eine Funktion aus optischer Eindringtiefe beziehungsweise Diffusionslänge der thermischen Elektronen, der Fluenz und einer Schwellfluenz. Für beide Regime wird hier der bekannte logarithmische Verlauf der Abtragtiefe mit steigender Fluenz erhalten. Gleichung 3.13 ermöglicht die Berechnung der Abtragtiefe, wenn die optische Eindringtiefe der Laserstrahlung den Bereich der Aufheizung bestimmt und ist für kleine Fluenzen zu beobachten. Bei höheren Fluenzen führt die Bewegung der hochenergetischen Elektronen zu größeren Eindringtiefen und bestimmt maßgeblich die Abtragtiefe (Gleichung 3.14). Für beide Fälle wird jeweils eine Schwellfluenz bestimmt, die den Beginn des Materialabtrags (F_{th}^{opt}) und des thermischen Abtrags (F_{th}^{dif}) angibt.

Trotz der guten Übereinstimmung des zuvor dargestellten einfachen Modells zur Bestimmung der Abtragtiefe mit experimentellen Untersuchungen ist der Materialabtrag Resultat einer Kombination aus einer Vielzahl von komplexen Prozessen. Eine experimentelle Beobachtung der auftretenden Mechanismen ist aufgrund der zum Teil sehr kurzen Zeitskalen im Pikosekundenbereich und der hohen örtlichen Auflösung unterhalb von Mikrometern kaum möglich. Hydrodynamische Modelle und molekulardynamische Simulationen können aber einen Einblick in die grundlegenden Abtragmechanismen geben. Durch die Betrachtung des Verlaufs des bestrahlten Materials über Anregung und Relaxation in seinem Phasendiagramm können zudem einzelne Abtragmechanismen unterschieden werden. Die Abtragprozesse, die bei der Bestrahlung von Metallen mit Pulsdauern unterhalb der Elektron-Phonon Wechselwirkungszeit auftreten, werden nachfolgend kurz vorgestellt. In Bild 5

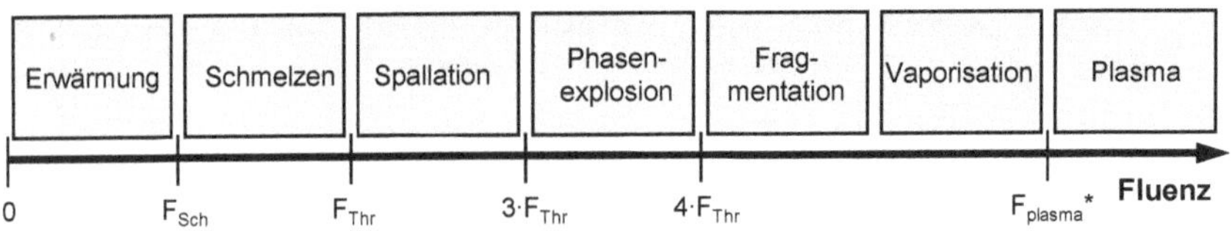

Bild 5: Schematische Darstellung der verschiedenen Effekte und Abtragmechanismen bei Metallen, die im jeweiligen Fluenzbereich dominieren. Die Einordnung der Abtragmechanismen zu den Fluenzen ist auf Basis von [LEWI09, S.5105] geschehen.
*Die Schwellfluenz, ab der Plasma auftritt, ist außerdem auch abhängig von der Pulsdauer. Bei 100 fs wird eine Plasma-Schwellfluenz von >1 J/cm² erwartet [CAVA99, S.3308]

wird dabei ein Überblick über die in Abhängigkeit der Fluenz dominierenden Abtragprozesse gegeben [PERE03]. Der reale Abtrag ist immer eine Kombination aus den genannten Prozessen, die je nach Position im Material und damit lokaler Fluenz in unterschiedlicher Ausprägung auftreten [LEWI09, S.5105].

Erwärmung & Schmelzen

Für kleine Fluenzen unterhalb der Abtragschwelle wird noch kein Materialabtrag beobachtet. Bereits hier wird aber eine Reaktion des Materials auf die Bestrahlung mittels ultrakurzen Laserpulsen sowohl in Simulationen als auch experimentell beobachtet, da aufgrund des Inkubationseffekts die Abtragschwelle verringert wird [WU15, S.12]. Wird die Schmelztemperatur an der Oberfläche durch den Laserpuls überschritten tritt zudem ein Aufschmelzen des Materials von einigen 10 Nanometern auf. [ZHIG09, S.11904–11905]

Spallation

Unter Spallation wird der Abriss einer dünnen Schicht des überhitzten Materials durch lokale Überschreitung der Zugfestigkeit verstanden. Durch die isochore Aufheizung des Kristallgitters innerhalb einiger Pikosekunden auf mehrere tausend Kelvin wird ein hoher thermoelastischer Druck aufgebaut. Da sich dieser in der betrachteten Zeitskala nicht über eine Ausdehnung des Kristallgitters wieder abbauen kann, relaxiert das Kristallgitter durch die Aussendung von Druckwellen. Nach Reflexion der Druckwelle an der freien Oberfläche bildet sich in etwa in Höhe der optischen Eindringtiefe die volle Zugspannung der reflektierten (Verdünnungs-)Welle aus. Bei Überschreiten der Zugfestigkeit des Materials an dieser Stelle reißt dann eine Oberflächenschicht ab. Die maximale Zugspannung wird schon bereits vor Erreichen der Abtragschwelle beobachtet und sinkt wieder für steigende Fluenzen.[3] Diese führt zu einer Schädigung des Materials über die Generation von Poren kurz unterhalb der Oberfläche und liefert somit eine mögliche Erklärung für die Reduktion der Abtragschwelle durch vorherige Pulse unterhalb der Abtragschwelle [PERE03, S.8]. Aufgrund der Verringerung der Zugspannung mit steigender Fluenz dominiert bereits etwas oberhalb der Abtragschwelle die Phasenexplosion den Abtrag. [PERE03, S.7], [IVAN09, S.9727], [KÖRN97, S.90], [NEDI04, S.642], [ZHIG09, S.11905]

Phasenexplosion

Bei moderaten Fluenzen im 1. Regime ist Phasenexplosion der dominierende Abtragmechanismus. Das Material wird durch den Laserpuls erhitzt, bis eine überhitzte Flüssigkeit entsteht. Über homogene Keimbildung entstehen dann Gasblasen in der überhitzten Flüssigkeit. Ist die Keimbildungsrate hoch genug, erfolgt ein Übergang in eine Mischung aus Dampf und Tröpfchen. Dieser Prozess wird Phasenexplosion oder auch homogene Nukleation genannt. Experimentell wurde dieser Abtragmechanismus für Metalle und auch Halbleiter durch die Beobachtung von Newton-Ringen beobachtet [AGRA07, S.9], [LIND00, S.4]. Bei der Expansion des Zweiphasen-Gemisches bleibt eine scharfe Grenze zu der Umgebung bestehen, die von der Ausdehnung deutlich unterhalb einer Wellenlänge

[3] Die Ausbildung von großen Zugspannungen wird durch die thermische Erweichung des Materials in Oberflächennähe bei größeren Fluenzen verhindert und beschränkt die Spallation als dominierenden Abtrageffekt auf kleine Fluenzen. [PERE03, S.7].

sein muss, mit welcher der Prozess beobachtet wird. Die Reflexion von dieser Grenzschicht bildet dann mit der Reflexion an der neuen Oberfläche die beobachteten Interferenzringe. Außerdem muss das ablatierte Material transparent sein und einen hohen Brechungsindex haben. Das durch die Phasenexplosion erzeugte Dampf-Tröpfchen Gemisch erfüllt diese Anforderungen[4]. [LIND00, S.10], [KÖNI06, S.87], [NEDI04, S.642], [ZHIG09, S.11905], [WINT20, S.6], [LORA03, S.2], [PERE03, S.10]

Fragmentation

Wird die eingebrachte Energie weiter erhöht, entsteht nach der Heizphase eine stark überhitzte, expandierende flüssige Phase. Die Expansionsgeschwindigkeit ist abhängig von der eingebrachten Energie und variiert damit über die Tiefe. Somit expandiert das Material näher an der Oberfläche schneller als tiefer im Material und zerreißt, beziehungsweise fragmentiert dieses aufgrund der Geschwindigkeitsunterschiede. Je größer die eingebrachte Energie, desto kleiner werden die Fragmente. Der Beitrag der Fragmentation zum Gesamtabtrag ist außerdem abhängig von der Energie-Eindringtiefe. Ist diese klein, führt ein größerer Gradient in der Energiedeposition zu größeren Geschwindigkeitsunterschieden und verstärkt den Abtragmechanismus der Fragmentation. [PERE03, S.11], [KÖNI05, S.10606]

Vaporisation

Mit Vaporisation ist hier nicht der normale Verdampfungsprozess, der in der Knudsen-Schicht auftritt, gemeint, sondern der Grenzfall der Fragmentation für sehr hohe Pulsenergien. Durch die auftretenden sehr hohen Verformungsgeschwindigkeiten werden die Cluster so klein, sodass sich die Abtragprodukte wie ein Gas verhalten. [PERE03, S.13]

Plasma

Für Fluenzen oberhalb der Plasma-Schwellfluenz wird die Oberfläche des bestrahlten Materials komplett ionisiert. Das Plasma behält anfangs die Dichte des Feststoffs und hat eine Ausdehnung von nur einigen 10 nm in die Tiefe. Ein Abtrag findet nach ca. 100 ps ähnlich der Vaporisation statt. Unterhalb des Plasmas treten weiterhin die zuvor genannten Abtragmechanismen auf. [LIND96, S.216], [KÖNI06, S.90], [GAMA02, S.956], [RETH04, S.768], [HAAN20, S.12102]

3.2.4 Schmelzaustrieb

Bei hohen Fluenzen kann aufgrund der größeren Eindringtiefe der hochenergetischen Elektronen eine größere Schmelzschichtdicke von mehreren Mikrometern entstehen, die durch den Verdampfungsdruck beim Materialabtrag aus dem Bohrgrund beschleunigt wird [ZHIG09, S.11905]. Dieser Prozess findet Nanosekunden nach der Deposition der Pulsenergie statt. In dieser Zeitskala ist der Abtrag mittels Femto- und Nanosekundenpulsen

[4] Das Dampf-Tröpfchen Gemisch ist nach der Maxwell Garnett Formel für ein Mischverhältnis von 50% und Tröpfchengrößen deutlich kleiner als die beobachtende Wellenlänge transparent und hat einen Brechnungsindex von ca. 2 [LIND00, S.9].

vergleichbar, daher kann hier auf die Untersuchungen von Nanosekundenpulse zurückgegriffen werden. Simulationen zeigen dabei, dass die Schmelze auch bei hohen Fluenzen durch den Dampfdruck maximal einige Mikrometer bewegt wird (Ruf, S.93), [NEDI04, S.643]. Ein kompletter Austrieb der Schmelze aus der Bohrung kann daher nur über viele Pulse schrittweise geschehen und vor allem am Anfang eines Bohrprozesses. Bei steigender Bohrtiefe mit steileren Bohrwänden reduziert sich der Schmelzfluss weiter. Eine Abschätzung der erreichbaren Tiefe, aus der die Schmelze noch ausgetrieben wird, ermöglicht die Beobachtung des Schmelzgrates am Bohrungseintritt. Dieser wächst nur am Anfang des Bohrprozesses bis zum Erreichen einiger hundert Mikrometer Bohrtiefe, welches der maximalen Transportdistanz der Schmelze aus der Bohrung heraus entspricht. [RUF04, S.93], [MICH14, S.110], [MING09, S.116]

3.2.5 Zusammenfassung

Bei der Verwendung von ultrakurzen Laserpulsen zum Materialabtrag ist der Abtragprozess vom Energieeintrag zeitlich entkoppelt und somit in erster Näherung unabhängig von der Pulsdauer. Der Materialabtrag beginnt einige Pikosekunden nach dem Laserpuls und endet erst Mikrosekunden später. Während der Relaxation von Elektronen und Kristallgitter wandern die hochenergetischen Elektronen weiter in das Material hinein und führen auch zu einer Aufheizung des Materials in der Tiefe. Mit steigender Fluenz und somit eingebrachter Energiedichte wird das Material anschließend durch Spallation, Phasenexplosion, Fragmentation, Vaporisation oder Plasmabildung abgetragen. Dabei verbleibt nach dem Materialabtrag eine Schmelzschicht auf der Materialoberfläche, die auch bei Fluenzen knapp über der Abtragschwelle schon in der Größenordnung von 100 nm liegt [KÖRN97, S.83], [RUF04, S.110], [ZHIG09, S.11901]. Mit Erhöhung der Fluenz steigt die erzeugte Schmelzschichtdicke, wobei sich die Einschmelztiefe mit Erreichen des zweiten Regimes nochmal deutlich steigert [LEHA05, S.330], [KÖRN97, S.83], [NOLT97, S.2717]. Bei hohen Fluenzen kann eine signifikante Schmelzschichtdicke erreicht werden, sodass die Schmelze von dem Dampfdruck beim Abtrag beschleunigt und aus der Bohrung ausgetrieben wird. Der Abtragprozess unterscheidet sich dann nicht mehr deutlich vom Abtrag mittels Nanosekunden Pulsen und reduziert die erreichbare Präzision und erhöht die Residualwärme [NOLT97, S.2717], [MOMM96, S.141].

Bei einer Erhöhung der Pulsdauer in die Größenordnung der Elektronen-Phononen Wechselwirkungszeit τ_{e-ph}, also typischerweise auf einige Pikosekunden, verändert sich das Abtragverhalten. Bei Pulsdauern größer als 1 - 2 ps reduziert sich die Abtrageffizienz deutlich [NEUE12, S.9], [FING17, S.86], [LEHA05, S.325], [ANCO09, S.3306], [LOPE15, S.5]. Ab einer Pulsdauer von ca. 5 ps wird zudem die Interaktion des Laserpulses mit dem Oberflächen- oder Luftdurchbruchplasma signifikant, welches vom gleichen Puls erzeugt wird [KALU19, S.59], [LEDO04, S.230], [JAEG11, S.170]. Im Hinblick auf einen effizienten und präzisen Abtrag sind daher Pulsdauern im Femtosekundenbereich und geringe Fluenzen zur Vermeidung von Schmelzentstehung erstrebenswert.

3.3 Bohren mittels UKP-Laserstrahlung

Bei der Nutzung von ultrakurzen Laserpulsen zum Bohren treten eine Reihe von zusätzlichen Effekten auf, die das Erreichen gewisser Bohrungsgeometrien verhindern oder deutliche Auswirkungen auf die geometrische oder materialographische Qualität haben können. Nachfolgend wird zuerst ein Überblick über die Folgen der winkelabhängigen Reflexion und Absorption und die Auswirkungen dieser auf Mehrfachreflexionen auf den Bohrprozess gegeben. Anschließend wird die Notwendigkeit des Einsatzes von hohen Fluenzen zum Bohren erklärt, die je nach Intensität des Laserpulses zur Entstehung diverser Plasmen führen kann und in Kombination mit höheren Repetitionsraten Wärmeakkumulation erzeugt.

3.3.1 Winkelabhängige Reflexion und Absorption

Während des Bohrprozesses verringert sich der Winkel zwischen Symmetrieachse der Laserstrahlung und Materialoberfläche durch die Ausbildung einer steiler werdenden Bohrungswand. Der Reflexions- und Absorptionsgrad ist dabei stark von dem Winkel abhängig, unter dem die Laserstrahlung auf die Oberfläche trifft. Allgemein kann diese Abhängigkeit über die Fresnelschen Formeln für jede Polarisationsebene dargestellt werden. Für Wellenlängen mit $\lambda > 500\,nm$ und für den Fall, dass der Betrag des komplexen Brechungsindex $n^2 + k^2 \gg 1$ ist, können die Fresnelschen Formeln vereinfacht werden. Der Reflexionsgrad R für senkrecht (s), parallel (p) und zirkular (z) polarisiertes Licht als Funktion des Anstellwinkels Φ zum Lot der Oberfläche kann dann mit den nachfolgenden Gleichungen beschrieben werden: [RADT03, S.40]

3.15
$$R_p = \frac{(n\cos\Phi - 1)^2 + (k\cos\Phi)^2}{(n\cos\Phi + 1)^2 + (k\cos\Phi)^2}$$

3.16
$$R_s = \frac{(n - \cos\Phi)^2 + k^2}{(n + \cos\Phi)^2 + k^2}$$

3.17
$$R_z = \frac{R_P + R_S}{2}$$

Dabei entspricht n dem realen Anteil und k dem imaginären Anteil des Brechungsindexes. Bei senkrecht bzw. parallel polarisiertem Licht liegen die Vektoren der elektrischen Feldstärke senkrecht bzw. parallel zur Einfallsebene. Eine zirkulare Polarisation entspricht einer Überlagerung von senkrecht und parallel polarisiertem Licht mit einem Phasenversatz von $\pi/2$.

Der Reflexionsgrad ist beispielhaft für Eisen und Nickel in Abhängigkeit des Anstellwinkels in Bild 6 für die drei genannten Polarisationszustände für eine Wellenlänge von 1030 nm dargestellt. Der Verlauf ist für beide Materialien sehr ähnlich. Bei senkrecht polarisiertem Licht erhöht sich der Reflexionsgrad für höhere Einfallswinkel stetig von ~70% auf 100% bei 90° Einfallswinkel. Bei paralleler Polarisation wird bei sonst gleichen Randbedingungen bei ca. 80° allerdings ein Minimum der Reflexion beobachtet, dem sogenannten Brewsterwinkel. Hier stehen eingekoppelte und reflektierte Lichtstrahlen gerade senkrecht aufeinander. Bei zirkularer Polarisation wird der Reflexionsgrad über den Mittelwert von beiden Polarisationsebenen erhalten und bleibt bis ca. 85° Anstellwinkel ungefähr konstant, bevor er dann über die letzten 5° stark ansteigt.

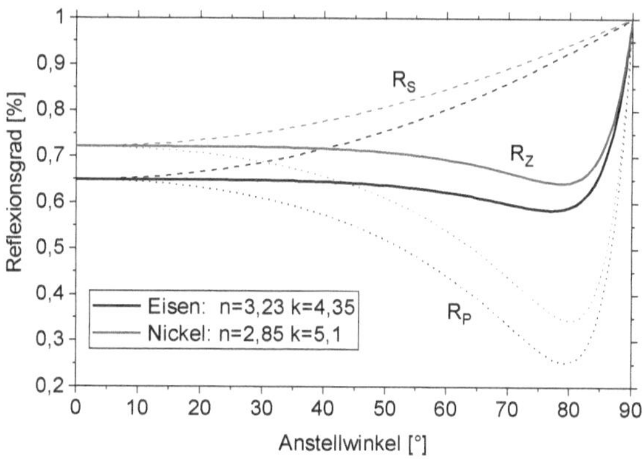

Bild 6: Darstellung des Reflexionsgrads als Funktion des Anstellwinkels relativ zum Lot der Oberfläche für die drei Polarisationszustände für Eisen und Nickel bei einer Wellenlänge von 1030 nm. Daten aus [BASS95, 35.18], [BASS95, 35.16]

Für das Bohren mittels ultrakurzen Laserpulsen führt dieses Verhalten zu zwei Schlussfolgerungen. Bei der Verwendung von linear polarisierter Laserstrahlung ist der Absorptionsanteil an der Bohrungswand, die parallel zur Einfallsebene liegt, deutlich höher als bei der Achse senkrecht dazu. Um einen gleichmäßigen Abtrag über den gesamten Bohrungsumfang zu erhalten, wird die Laserstrahlung entweder beim Abfahren der Bohrungskontur mitgedreht oder zirkular polarisiert. Die zweite Schlussfolgerung betrifft die Erhöhung des reflektierten Anteils bei Annäherung an eine senkrechte Bohrungswand, wodurch ein kleinerer Anteil der Pulsenergie für den Abtrag zur Verfügung steht. Verstärkt wird dieser Effekte zusätzlich noch von der Projektion der Laserstrahlung auf die Bohrungswand, wodurch die lokale, projizierte Fluenz mit steigendem Anstellwinkel weiter sinkt. Die Kombination beider Effekte führt dazu, dass auch mit sehr hohen Fluenzen >>10 J/cm² keine Bohrwandwinkel kleiner 2,5° relativ zur Symmetrieachse der Laserstrahlung erreicht werden.

3.3.2 Mehrfachreflexion

Die Ausbildung von steilen Wandwinkeln während des Bohrprozesses führt wie erläutert zu einem erhöhten Reflexionsgrad der Laserstrahlung an der Wand. Dadurch wird mit Fortschreiten der Bohrung ein steigender Anteil der Laserstrahlung beim Auftreffen auf die Bohrungswand reflektiert und tiefer in die Bohrung geführt. Dieser Prozess beginnt bereits ab einem Aspektverhältnis von ca. 0,5 und führt so schon am Anfang des Bohrprozesses zu der Bildung einer spitz zulaufenden Sacklochbohrung. Bei höheren Aspektverhältnissen

(> 0,5) wird der Laserpuls mehrfach von der Bohrungswand reflektiert, wodurch insgesamt ein größerer Anteil der Laserstrahlung in der Bohrung absorbiert wird. Mit jeder Reflexion vergrößert sich der Winkel zwischen Bohrungswand und Laserstrahlung, weshalb in der Tiefe ein zunehmend größerer Anteil absorbiert wird und die Bohrung so aufweitet. Durch Mehrfachreflexionen wird daher die Energieeinkopplung tiefer in der Bohrung erhöht und führt so zu einer Vergrößerung der erreichbaren Bohrtiefe. Da bei jeder Reflexion ein Anteil der Laserstrahlung absorbiert wird und die im Material verbleibende Restwärme bei geringerer Fluenz steigt, führt ein Großteil der zusätzlich eingekoppelten Pulsenergie zur Steigerung der Restwärme im Material. [KAR92, S.2569], [MODE06, S.659], [OHMU10, S.309], [RUF04, S.52], [FÖRS17, S.3].

3.3.3 Einfluss hoher Fluenzen und Intensitäten

Für die Erstellung von tiefen Bohrungen ist die Verwendung von hohen Fluenzen in der Größenordnung von 100 J/cm^2 unerlässlich, wie nachfolgend erörtert wird [DÖRI14, S.96], [BREI10, S.131]. Bei tiefen Bohrungen führen mehrere Aspekte zu einer erheblichen Reduktion der lokalen Fluenz, wie in der Skizze in Bild 7 gezeigt wird. Die Materialabtragzone kann um ein Vielfaches der Rayleighlänge unterhalb der Fokusebene liegen. Aufgrund der Bohrungsgeometrie wird zudem nur ein kleiner Winkel zwischen Symmetrieachse der Laserstrahlung und Bohrungswand erreicht, der zu einer großen projizierten Fläche der Laserstrahlung auf der Oberfläche führt. Bei sehr spitzen Winkeln erhöht sich zudem auch der Reflexionsgrad an der Oberfläche, wie in Unterabschnitt 3.3.1 erläutert wird. Jeder dieser drei Effekte allein verringert die zum Abtrag vorhandene Fluenz um bis zu einer Größenordnung. Um weiterhin über der Schwellfluenz zu bleiben, müssen Fluenzen in der Größenordnung von 100 J/cm^2 in der Fokusebene bereitgestellt werden. Außerdem muss trotz dieser Effekte die an der Bohrungswand anliegende Fluenz möglichst hoch sein. Denn mit steigender Fluenz sinkt der relative Anteil der Pulsenergie, die als Wärme nach dem Abtrag im Material zurückbleibt[5] [FING17, S.37]. Mit einer hohen Fluenz kann die Ausbildung der Wärmeakkumulation daher zu höheren mittleren Leistungen verschoben werden.

Die Fluenz kann allerdings nicht beliebig vergrößert werden, da die sinnvolle Nutzung hoher Fluenzen und somit Intensitäten ab einem Schwellwert aufgrund von Schmelz- und Plasmabildung nicht mehr gegeben ist [BÄUE11, S.15], [BÄUE11, S.296], [MOMM96, S.138], [WEIK05, S.105]. Beide Prozesse reduzieren die erreichbare Qualität einer UKP-Bohrung deutlich, da die Schmelzdynamik dann die Bohrungsform maßgeblich definiert [DÖRI13, S.439]. Laserinduzierte Plasmen können außerdem an verschiedenen Positionen entlang der Laserstrahlung auftreten. Ein Überblick über die Plasmatypen, die Schwellintensitäten für die Erzeugung der Plasmen und die Position des Entstehens wird in Bild 8 gegeben. Plasmen können an bis zu drei Positionen beobachtet werden: über dem Bohrungseintritt und in der Bohrung als Gasdurchbruchplasma und am Bohrungsgrund in Form eines Materialdampfplasmas. [KLIM01, S.382], [BREI10, S.44]. Diese Plasmen können die

[5] Nach den 2-Temperatur Modell fällt die deponierte Energie über die Tiefe exponentiell ab. Eine höhere Pulsenergie führt dabei auch zu einer leichten Erhöhung der Materialtiefe, ab der die Schwellfluenz überschritten wird. Der Großteil der Pulsenergie wird jedoch für die weitere Überhitzung des Materials aufgewendet, welches ablatiert wird und somit nicht im Material verbleibt.

Laserstrahlung je nach Dichte und Temperatur streuen, reflektieren und absorbieren und die Bohrungsform signifikant beeinflussen [BREI10, S.35], [HÜGE09, S.154–157].

Bild 7:
Skizze mit den Effekten, welche die zum Abtrag verfügbare Fluenz in einer Bohrung reduzieren

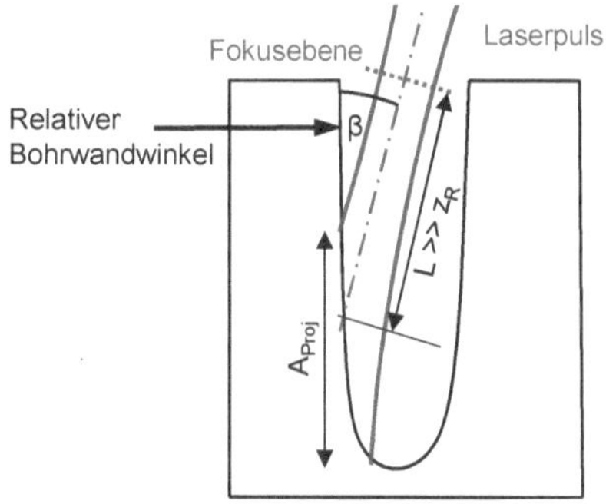

Bild 8:
Schematische Darstellung der verschiedenen laserinduzierten Plasmatypen, die beim Bohren mittels ultrakurzen Laserpulsen auftreten können. Nach [BREI10, S.44]

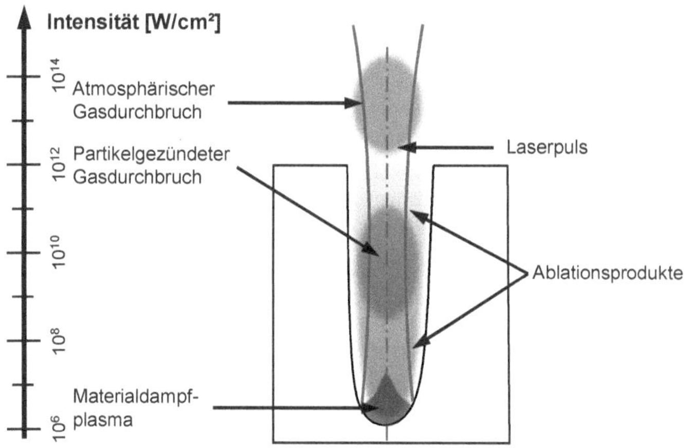

Materialdampfplasma

Ein Auftreten eines Materialdampfplasmas oberhalb der bestrahlten Oberfläche wird bereits bei deutlich längeren Pulsen im Nanosekunden- bis Mikrosekunden-Bereich beobachtet. Hier werden die Abtragprodukte mit dem noch andauernden Laserpuls aufgeheizt und ein Plasma erzeugt. Diese Vorgänge treten bei Intensitäten ab 10^6 W/cm² auf und werden unter dem Begriff *Laser Supported Absorption* (LSA)-Wellen zusammengefasst. [HÜGE92, S.234–238], [TREU85, S.65], [POPR11, S.113–114], [POPR84, S.56–84]. Bei längeren Pulsen führt die Interaktion der LSA-Wellen mit dem Laserpuls dazu, dass die Laserstrahlung gestreut und von der Oberfläche abgeschirmt wird und so den Abtragprozess beeinflusst. Auch bei Femtosekundenpulsen und hohen Fluenzen wird wie zuvor beschrieben ein Plasma erzeugt.

Jedoch geschieht dies erst nach Pulsende, wodurch keine Interaktion mit dem Laserpuls stattfindet, welches das Plasma erzeugt hat [KAML03, S.307]. Jedoch kann der folgende Puls durch die noch bestehende Expansionswelle durch den Abtrag des vorherigen Pulses beeinflusst werden, da diese noch Mikrosekunden nach dem Puls beobachtet wird. Diese Interaktion tritt bereits bei moderaten Repetitionsraten im Bereich von einigen 10 kHz auf [BREI10, S.109], [KLIM01, S.382], [KÖNI06, S.91].

Gasdurchbruchplasmen

Ab Intensitäten in der Größenordnung von ungefähr 10^{12} – 10^{13} W/cm² kann ein dielektrischer Gasdurchbruch des Umgebungsgases entstehen. Einzelne, freie Startelektronen werden durch das elektrische Feld der Laserpulses durch inverse Bremsstrahlung beschleunigt und erzeugen anschließend über Stoßionisation weitere freie Elektronen. Durch den Effekt der Avalanche-Ionisation steigt schließlich der Ionisationsgrad des Gases sprunghaft an und ein Plasma entsteht. Das Auftreten eines Gasdurchbruchplasmas ist dabei vor allem von der Existenz von den sogenannten freien Startelektronen abhängig, die den Ionisierungsprozess einleiten. In einem UKP-Bohrprozess können in bis zu drei Bereiche Gasdurchbruchplasmen auftreten. Die dominierenden Mechanismen zur Erzeugung der Startelektronen unterscheiden sich jedoch, wie im Folgenden dargestellt wird (siehe auch Abschnitt 3.1).

Partikelgezündetes Gasdurchbruchplasma

In der Bohrkapillare kann bei Aspektverhältnissen größer eins ein partikelgezündeter Gasdurchbruch erzeugt werden. Die Abtragprodukte aus den vorherigen Pulsen verbleiben in der Bohrkapillare und bilden dort einen Metalldampf mit Partikeln und Clustern in der Größe von Submikrometern, die eine geringe Bindungsenergie haben [KLIM07, S.10]. Die aufgeheizten Ablationsprodukte stellen, beziehungsweise begünstigen dann die Bildung von Startelektronen über den Photoeffekt und Edison-Richardson-Effekt. Ein partikelgezündeter Gasdurchbruch wird in Bohrkapillaren bereits ab Intensitäten von $I \approx 10^{12}$ W/cm² beobachtet. [KLIM01, S.380], [KONO01, S.248]

In technischen Bohrprozessen kann ein partikelgezündetes Gasdurchbruchplasma kaum vermieden werden, da noch Sekunden nach dem letzten Puls Abtragprodukte in der Bohrung mit der Laserstrahlung interagieren [KLIM01, S.382], [BREI03, S.85], [BREI10, S.125]. Die Verwendung von Prozessgas zum Abtransport der Abtragprodukte aus der Bohrung heraus kann diesen Zeitraum aber erheblich reduzieren.

Atmosphärisches Gasdurchbruchplasma

Die Startelektronen können auch über die direkte Interaktion zwischen Laserstrahlung und Umgebungsgas ohne die Anwesenheit von Ablationsprodukten generiert werden. Durch eine Intensität von ca. 10^{13} W/cm² ist die Erzeugung von freien Elektronen über Multi-Photonen-Absorption dominant. Mit steigender Intensität steigt die Auftretenswahrscheinlichkeit dieses Effekts. Bei Bohranwendungen liegen auch über der Bohrung noch Ablationspartikel vor, welche die Auftretenswahrscheinlichkeit eines Luftdurchbruchs analog zum partikelgezündeten Gasdurchbruchplasmas weiter erhöhen. Bei noch höheren Intensitäten zwischen 10^{13}-10^{14} W/cm² werden durch die direkte Feldionisation Elektronen freigesetzt, die dann zu einem sicheren Auftreten des Gasdurchbruchs führen. Primär ist dieser Plasmabildungs-Mechanismus abhängig von der Intensität und der Wellenlänge. Allerdings hat die Schwellintensität zur Entstehung eines Luftdurchbruchs auch eine Abhängigkeit von der Pulsdauer, welche nach Messungen von Breitling im Bereich von 100 fs – 5 ps proportional zu $t_p^{-0,5}$ bestimmt wird. [BREI10, S.83], [KALU19, S.140]

Der atmosphärische Luftdurchbruch führt zudem in der Fokusregion zu nichtlinearen Wechselwirkungen mit dem Umgebungsgas. Dabei werden Filamente erzeugt, die einen Lichtwellenleiter in Luft darstellen. Für die Entstehung solcher Filamente wird das *moving-focus* und *self-channeling*-Modell diskutiert [BROD97, S.304], [NIBB96, S.62]. Eine Reihe von nichtlinearen Effekten erzeugt in den Filamenten ein Superkontinuum, das unter dem Begriff *Conical Emissions* bekannt ist. Dies sind breitbandige Strahlungsanteile mit Wellenlängen ober- und unterhalb der Laserwellenlänge, die einen größeren Divergenzwinkel als die Laserstrahlung aufweisen [BREI10, S.106], [NIBB96, S.62], [SHIP17, S.2], [VAIČ18, S.6]. Dabei werden bis zu ~70% der Pulsenergie aus der ursprünglichen Strahlkaustik bereits vor der Fokusebene herausgebeugt [KLIM02, S.77]. Da *Conical Emissions* primär durch die Intensität des Laserpulses bestimmt werden, verschieben längere Pulse im Pikosekundenbereich das Auftreten von *Conical Emissions* zu höheren Fluenzen. Außerdem wird bei gleicher Intensität, aber längerer Pulsdauer ein kleinerer Anteil der Laserstrahlung gestreut und konvertiert. Detaillierte Untersuchungen zum Streustrahlungsanteil in Abhängigkeit der Fluenz und Pulsdauer sind in [KLIM02, S.85] und [BREI10, S.95] zu finden.

Über die Absenkung des Luftdrucks ändert sich der Schwellwert für die Entstehung von *Conical Emissions* nicht, aber der Streustrahlungsanteil kann so deutlich verringert werden. Denn die Absenkung des Luftdrucks reduziert die Anzahl an Atomen, an denen Streuung stattfindet. Auch die Verwendung von Helium als Prozessgas führt zu einem ähnlichen Ergebnis. Diese Maßnahmen können die Aufweitung der Bohrung im Bohrungseintritt durch Conical Emissions reduzieren, sind in einer Bohrlochkavität aber nur begrenzt einsetzbar. [BREI10, S.104], [KLIM02, S.85], [DAUS03, S.79], [BREI10, S.95], [BREI10, S.98], [KLIM02, S.81].

Oberflächennahes Gasdurchbruchplasma

Der Vollständigkeit halber wird noch das *Early-Stage* Plasma erwähnt, dessen Existenz bei Intensitäten >10^{12} W/cm² diskutiert wird. Dieses Plasma hat in den ersten Pikosekunden nach dem Laserpuls bereits einige hundert Mikrometer Ausdehnung über der Werkstückoberfläche. Durch den Laserpuls angeregte hochenergetische Elektronen treten aus der Materialoberfläche aus und stehen als Startelektronen zur Verfügung. [MAO00, S.2466], [RUSS99, S.887], [GAMA02, S.953], [KÖNI06, S.90]. Eine Reihe von weiteren Gründen für eine Verringerung des Schwellwert zur Plasmaentstehung in der Nähe von Material ist in [BÄUE11, S.224] gegeben. Vermutlich müssen die Startelektronen für die Ausbildung des Plasmas jedoch noch weiter mit dem Laserpuls interagieren, sodass das *Early Stage Plasma* erst bei Pulsdauern >10 ps beobachtet wird. Damit spielt das *Early-Stage* Plasma für die Untersuchungen in dieser Arbeit keine Rolle.

3.3.4 Wärmeakkumulation

Insbesondere beim Bohren tritt Wärmeakkumulation schon bei geringen Laserleistungen auf, da die gesamte Laserleistung auf einer Stelle oder auf der kleinen Querschnittsfläche der Bohrung deponiert wird. Wärmeakkumulation kann zu einer signifikanten Erhöhung der Abtragrate führen, welche durch eine erhöhte Schmelzbildung erkauft wird [FING17, S.111], [WEBE17, S.3975], [ANCO09, S.3306], [FÖRS17, S.4], [WEBE14, S.11318]. Eine Erhöhung der Abtragrate durch Wärmeakkumulation basiert beim Bohren auf zwei Effekten, die vom Aspektverhältnis der Bohrung abhängen: Bei einem oberflächennahen Abtrag akkumuliert sich die im Material verbleibende Energie mit jedem Puls und führt zu einem Aufschmelzen der Oberfläche durch die Residualenergie und in Kombination mit dem Verdampfungsdruck auch zu einem Austreiben der Schmelze. Für Aspektverhältnisse > 1 kann je nach Wahl der Prozessparameter noch ein zusätzlicher Effekt beobachtet werden. Im Bohrgrund selbst tritt weiterhin ein verdampfungsdominerter Abtrag auf und erzeugt die Ablationsprodukte, die noch während der nächsten Laserpulse im Bohrloch verbleiben. Durch die Ablationspartikel entsteht dann in Interaktion mit der Laserstrahlung wie zuvor erläutert ein partikelgezündetes Gasdurchbruchplasma. Ein Teil der Laserstrahlung wird daraufhin in dem Plasma absorbiert. Das Plasma führt dann zusätzlich zu einem thermischen Abtrag des Materials an der Bohrungswand und weitet die Bohrung auf bis zu einem Vielfachen des Strahldurchmessers auf [KONO01, S.248], [KLIM03, S.519], [TREU85, S.103]. Eine Erhöhung der eingebrachten mittleren Leistung führt zu höheren Dichten und Temperaturen der Abtragprodukte und damit auch zu einer stärkeren Ausprägung des Plasmas.

Durch die Plasmabildung treten weitere Effekte auf, die bei Edelstahl für gewisse Prozessparameter trotz Erhöhung der Pulsenergie zu einer Erhöhung der Durchbohrzeit führen [ANCO08, S.8961], [ANCO09, S.3305]. Dies ist auf die Abschirmung des Laserpulses durch Reflexion, Streuung und Absorption am Plasma zurückzuführen [KONO01, S.251]. Die Abschirmung tritt mit steigender Repetitionsrate bei geringeren Pulsenergien auf, wobei der Beginn trotz unterschiedlicher Prozessparameter wie Fluenz, Pulsdauer, Fokusdurchmesser oder Repetitionsrate bei Perkussionsbohrungen bei Edelstahl bei ca. 10 W mittlerer Leistung liegt [ANCO09, S.3305], [ANCO08, S.8967], [FING14, S.18794], [KONO18, S.67], [DÖRI13, S.437]. Bei der Verwendung hoher Pulsenergien von >>100 µJ beim Bohren wird daher schon bei wenigen 10 kHz eine mittlere Laserleistung erreicht, die zu Wärmeakkumulation führt.

Für steigende Repetitionsraten verringert sich anschließend die Anzahl der Pulse, die zum Durchbohren benötigt wird, um insgesamt eine Größenordnung. Der Einfluss der Wärmeakkumulation auf die Abtragrate überwiegt dann den Effekt der Partikelabschirmung. Dies führt zu einer Verringerung der Durchbohrzeit um insgesamt zwei Größenordnungen, die zu gleichen Anteilen aus der erhöhten Repetitionsrate und der Auswirkung der Wärmeakkumulation besteht. Für Kupfer hingegen wird in dem gleichen Prozessparameterbereich keine Auswirkungen auf die Durchbohrzeit festgestellt, da Wärmeleitfähigkeit und Wärmekapazität im Vergleich zu Edelstahl deutlich größer sind. [ANCO08, S.8966], [ANCO09, S.3305], [FING14, S.18794], [KONO18, S.67], [DÖRI13, S.439]

3.4 Abgrenzung zum Stand der Wissenschaft

Nachfolgend wird der Stand der Wissenschaft hinsichtlich der drei Hauptarbeitspakete in dieser Arbeit zusammengefasst und hinsichtlich der geplanten Versuche eingeordnet. Die Untersuchungen beginnen mit dem Abtrag pro Puls insbesondere bei hohen Fluenzen und Intensitäten. Anschließend werden die Auswirkungen von Wärmeakkumulation betrachtet und zuletzt werden Untersuchungen zur Herstellung großer und tiefer Bohrungen durchgeführt.

Abtrag und Effekte bei hohen Intensitäten

In den letzten 25 Jahren wurden zahlreiche Untersuchungen zum Materialabtrag bei der Verwendung ultrakurzer Pulse und hohen Intensitäten veröffentlicht. Aufgrund der Eignung zum hochpräzisen Materialabtrag haben sich die meisten Veröffentlichungen auf den Fluenzbereich von 0,1 – 10 J/cm² fokussiert, in dem der Abtrag mit dem bekannten 2 Regime Modell erklärt wird [NOLT97, S.2720]. Für den Abtrag von Metallen wird der Fokus meistens auf Fluenzen < 1 J/cm² gelegt, da sich dieser Bereich hierfür besonders eignet. Eine detailliertere Übersicht über die Veröffentlichungen zum Materialabtrag mittels ultrakurzen Laserpulsen ist in [HAAS19b] gegeben. Beim Studium der vorhandenen Veröffentlichungen fallen zwei Punkte auf:

- In einigen Veröffentlichungen weicht der Verlauf der Abtragtiefe im zweiten Regime von dem erwarteten logarithmischen Verlauf ab. Diese Abweichung wird aber nicht diskutiert. [MANN04, S.284], [NEDI04, S.640], [MING09, S.74]
- Der Abtrag bei Fluenzen oberhalb von 10 J/cm² wird nur noch in einzelnen Veröffentlichungen erwähnt, aber nicht oder nur oberflächlich diskutiert (siehe [MING09, S.74], [NEDI04, S.640], [DAUS03, S.80] und ausführlichere Diskussion der Quellen in [HAAS19b].)

In dieser Arbeit wird daher das erste Mal der Abtrag bei großen Fluenzen bis zu mehreren 100 J/cm² im Detail untersucht. Um eine direkte Vergleichbarkeit zum Abtrag bei kleinen Fluenzen zu erhalten, werden diese ebenfalls gemessen. Zusätzlich wird auch der Einfluss der weiteren Prozessparameter wie Anzahl der Pulse, Pulsdauer, Spotgröße und der Repetitionsrate auf den Abtrag untersucht. Auch darüber sind keine detaillierten Untersuchungen bekannt. Der Abtrag wird sowohl über die klassische Darstellung als Abtragtiefe pro Puls als auch über das Abtragvolumen pro Puls dargestellt, da diese Darstellung robuster gegenüber dem Auftreten einzelner Effekte ist. Insbesondere bei hohen Fluenzen treten zudem eine Reihe von nichtlinearen Effekten bereits oberhalb des Materials auf. Die Untersuchung dieser Effekte ist nicht Teil der Arbeit. Hier kann auf die Dissertation von Detlef Breitling zurückgegriffen werden. Dort werden umfangreiche Grundlagenuntersuchungen zu nichtlinearen Effekten in der Atmosphäre bei hohen Intensitäten durchgeführt, die für eine Erklärung und Abschätzung der Auswirkungen der auftretenden Phänomene geeignet sind [BREI10].

Wärmeakkumulation

Wie in Unterabschnitt 3.3.4 bereits diskutiert, führt die Erhöhung der mittleren Leistung beim Abtragen und Bohren zu Wärmeakkumulation, welche die Abtragrate pro Puls erhöhen kann. Damit einher geht allerdings auch die Erzeugung von Schmelze. Die umfangreichsten Versuche zu den Auswirkungen von Wärmeakkumulation beim Bohren mittels UKP-Laserstrahlung ist von Ancona [ANCO08], [ANCO09]. Dabei wurden Repetitionsraten von 50 kHz bis 1 MHz und mittlere Leistungen bis zu 68 W untersucht und die Bohrgeschwindigkeit über die Durchbohrzeit charakterisiert. Die maximale Pulsenergie ist 70 µJ und Perkussionsbohrungen in Metalle mit bis zu 1 mm Dicke werden erstellt. Weitere Einflussfaktoren wie Spotgrößen, Pulsdauer oder der Einfluss der mittleren Leistung auf die beobachtenden Effekte werden allerdings nicht behandelt.

In dieser Arbeit werden nun die Effekte der Wärmeakkumulation auf die Abtragrate im Detail untersucht, die durch Abtragtiefe, Abtragvolumen und Durchbohrzeit charakterisiert wird. Die Abhängigkeit der Einflussfaktoren Materialtyp, Materialdicke, Pulsenergie, Pulsdauer, Spotgröße, Repetitionsrate und mittlerer Leistung auf die Abtragrate werden dazu betrachtet. Im Vergleich zu Ancona stehen deutlich höhere Pulsenergien bis zu 750 µJ und mittlere Leistungen bis zu 300 W zur Verfügung. Außerdem fokussieren sich die Untersuchungen stärker auf größere Materialdicken, die von 0,5 mm bis zu 8 mm reichen. Zusätzlich werden Versuche mit wenigen Pulsen durchgeführt, um auch eine Pulsanzahl aufgelöste Auswirkung der Wärmeakkumulation zu erhalten, die bisher noch nicht betrachtet wurde. Die Versuche mit unterschiedlichen Materialdicken ermöglichen zudem eine Abschätzung der lokalen, tiefenaufgelösten Abtragrate. Die verbreitete Nutzung von Durchbohrzeiten als Messwert ermöglicht nur die Angabe einer gemittelten Bohrgeschwindigkeit, die von der realen tiefenaufgelösten Abtragrate um mehrere Dimensionen in beide Richtungen abweichen kann. Dazu sind ebenfalls noch keine Untersuchungen bekannt.

Große und präzise Bohrungen mittels Laserstrahlung

Bisher existieren keine Bohrverfahren für die Herstellung von großen und tiefen, aber präzisen Bohrungen, wie bereits in der Zielsetzung in Abschnitt 2.1 erläutert wird. Hier sei nochmal auf die Grafik in Bild 2 verwiesen, welche den aktuellen Stand der Technik hinsichtlich der Qualität und Größe von tiefen lasergebohrten Bohrungen aufzeigt. Basierend auf klassischen Wendelbohrsysteme haben einzelne Veröffentlichungen versucht, den erreichbaren Bohrungsdurchmesser oder die Tiefe beim (U)KP-Bohren zu vergrößern [MINC17, S.4], [HE20, S.76]. Bohrungsdurchmesser im Bereich von Ø200 µm wurden so zwar erreicht, jedoch führen die in Abschnitt 3.3 genannten Effekte beim UKP-Bohren bei Bohrtiefen von über 1 mm dazu, dass die Präzision der Bohrgeometrie stark reduziert wird. Mit zunehmender Tiefe findet der Abtrag aufgrund der Divergenz und Mehrfachreflexionen immer unkontrollierter statt und führt zu konischen oder bauchigen Bohrungsgeometrien, die nicht mehr präzise einstellbar sind. Ansätze, die einen Versatz der Fokusebene in das Material hinein verfolgen, sind weit verbreitet. Diese verschieben die Grenze aber nur leicht zu größeren Bohrtiefen, ab der die Bohrgeometrie zunehmend unkontrollierbar wird.

Neue Untersuchungen mit einer Forschungslaserstrahlquelle mit sehr hoher Pulsenergie haben große Bohrtiefen von über 5 mm erreicht. Hier wurde defokussierte Laserstrahlung und das Perkussionsbohren verwendet, welches weiterhin zu konischen Bohrungen führt und die Bohrungsgeometrie ist nicht direkt einstellbar. Diese Versuche sind eher den Grundlagenuntersuchungen zuzuordnen und können kaum für technische Anwendungen verwendet werden [HENN20, S.2520], [FÖRS18, S.11552], [ZAHE19, S.5]. Zu der Herstellung von großen, tiefen und präzisen Bohrungen sind daher bisher weder Grundlagenuntersuchungen durchgeführt worden noch existieren hier vielversprechende Ansätze. Die Entwicklung eines neuen Tiefbohrverfahrens ist daher als absolutes Novum anzusehen.

3.5 Laserbohrverfahren

Beim Laserstrahlbohren kann zwischen vier verschiedenen Laserbohrverfahren unterschieden werden, die je nach Anforderung an die Bohrungsgeometrie, Qualität und Produktivität ausgewählt werden. In Bild 9 werden die Bohrverfahren hinsichtlich erreichbarer Präzision und Bohrdauer eingeordnet. Beim Einzelpulsbohren wird mit einem einzelnen Puls die Bohrung erstellt. Das Verfahren findet beim Einsatz von ultrakurzen Laserpulsen aufgrund der geringen Abtragtiefen aber keinen Einsatz. Beim Perkussionsbohren wird eine Serie an Pulsen an der gleichen Stelle deponiert und so die Bohrung sequenziell erzeugt. Neben dem Wendelbohren ist dies das Hauptverfahren zum Bohren mittels UKP-Laserstrahlung. Beim Trepanieren wird die Bohrung entlang der Bohrungskontur ausgeschnitten, wobei dieses Verfahren mit UKP-Laserstrahlung bisher nur bei der Mikrobearbeitung von sehr dünnen Bauteilen Verwendung findet. Wendelbohren ist das primäre Bohrverfahren bei der Nutzung von ultrakurzen Laserpulsen, da die Kombination von Verfahren und Pulsdauer die

Bild 9:
Einteilung der Bohrverfahren hinsichtlich Präzision und Bohrdauer, Bild nach [POPR11, S.366]

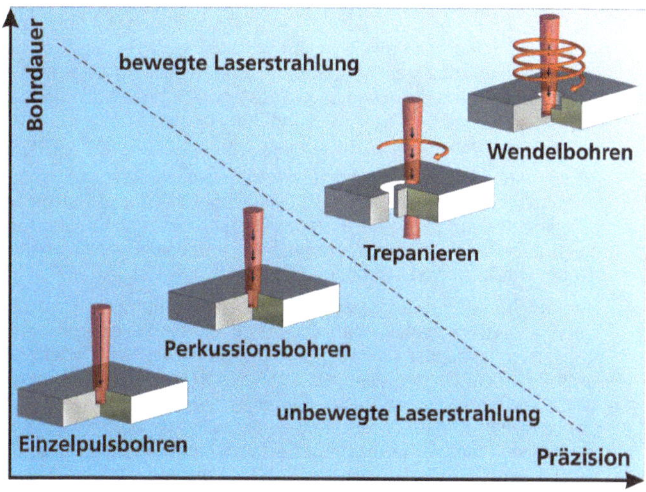

höchste Präzision bei der Materialbearbeitung erreicht. Hier wird die Bohrung in mehreren Umläufen abgetragen oder ausgeschnitten. Auf dem Markt verfügbare Wendelbohroptiken bieten umfangreiche Möglichkeiten zur Manipulation der Laserstrahlung wie einer Anstellung oder Selbstrotation, um eine große Flexibilität in der Bohrungsform bei hoher Präzision der Bohrung zu erreichen. Die verbreiteten Ansätze zur technischen Umsetzung einer Wendelbohroptik werden im folgenden Kapitel zusammengefasst.

3.6 Wendelbohroptiken

Bei der Herstellung von Bohrungen mittels kurzen oder ultrakurzen Laserpulsen können bei senkrechter Einstrahlung keine senkrechten Wandwinkel erzeugt werden, wie in Unterabschnitt 3.3.1 erläutert. Für die Herstellung von Mikrobohrungen und zum Feinschneiden wurden daher eine Reihe von sogenannten Wendelbohroptiken entwickelt. Diese ermöglichen eine Rotation und Verkippung des konvergenten Laserstrahls, sodass zylindrische, positiv oder negativ konische Bohrungen hergestellt werden können. Aktuelle Wendelbohroptiken können dabei auf Grundlage des Funktionsprinzips zum Erreichen eines Anstellwinkels der Laserstrahlung in zwei Gruppen unterteilt werden:

- durch die Verwendung von rotierenden optischen Elementen wie zum Beispiel Zylinderlinsen, Keilplatten oder Prismen,
- über drehbare Spiegel, die sowohl für Versatz, Anstellung als auch Ablenkung genutzt werden.

Manche Systeme bestehen auch aus einer Kombination von Spiegeln und rotierenden optischen Elementen, die zum Teil auch synchron erfolgen müssen. In Bild 10 sind typische verwendete Prinzipien zur Strahlrotation und Anstellung dargestellt. Bei außermittig rotierenden Linsen wird die Ablenkung der Laserstrahlung entlang des gewünschten Scanpfads über Spiegel durchgeführt. Anstellung und Fokussierung der Laserstrahlung werden dann durch die mit dem Spiegel synchronisierte exzentrische Rotation der Fokussierlinse erreicht.

Bei der Verwendung von Scanner-Systemen wird die gesamte Strahlführung über zwei oder mehrere unabhängig drehbare Spiegel durchgeführt. Diese Systeme haben den Vorteil, dass beliebige Kontouren mit wechselnden Anstellwinkeln abgefahren werden können. Wegen der großen Flexibilität sind Scanner-basierte Wendelbohroptiken daher in verschiedenen Varianten industriell weit verbreitet. [SCAN20], [AERO20], [ARGP20]

Eine Möglichkeit bei der Verwendung rotierender optischer Elemente ist die Nutzung von typischerweise drei rotierenden Keilplatten. Durch die Verschiebung und Verdrehung der Keilplatten zueinander kann die Auslenkung und der Anstellwinkel der Laserstrahlung verändert werden. Da dies während der Rotation der Keilplatten geschehen muss, wird ein komplexer mechanischer Aufbau benötigt. Eine weitere Variante ist die Verwendung eines rotierenden Bild-Rotators oder ein rotierendes System aus Zylinderlinsen. Dazu wird vor dem rotierenden optischen Element noch ein verschiebbarer und drehbarer Spiegel benötigt, der Anstellwinkel und Auslenkung einstellt. Die Verwendung eines Bild-Rotators wie das Dove-Prisma hat zwei weitere Vorteile. Zum einen wird so die Rotationsgeschwindigkeit der

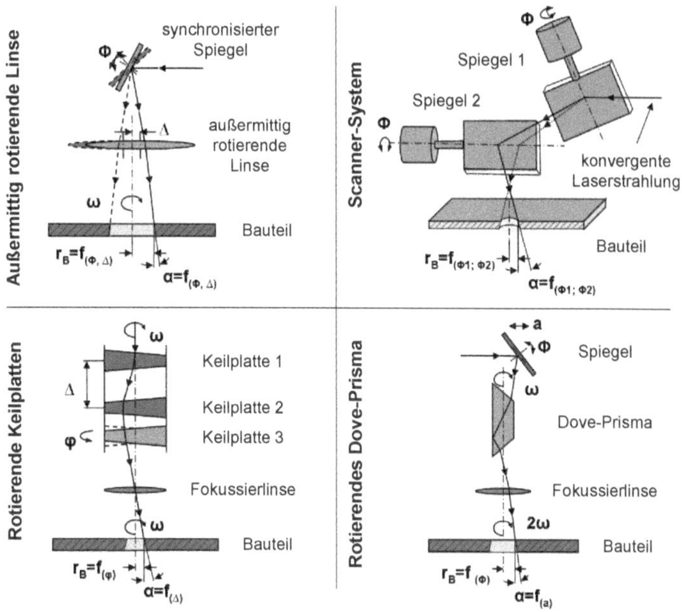

Bild 10: Schematische Darstellung verschiedener Prinzipien zur Strahlrotation und Anstellung, Bild nach [POPR11, S.388]

Laserstrahlung erhöht, da mit jeder Umdrehung des Prismas der Laserstrahl zwei Umdrehungen durchführt. Außerdem wird die Laserstrahlung inklusive Polarisation in sich selbst rotiert, wodurch der Einfluss einer möglicherweise ungleichmäßigen Intensitätsverteilung in der Fokusebene ausgeglichen wird [WAWE08, S.109–112]. Wendelbohroptiken basierend auf rotierenden optischen Elemente sind ebenfalls in mehreren Versionen industriell erwerbbar [ARGK20], [GFHG20].

4 Experimentelle Versuchsaufbauten und Auswertemethoden

Die Untersuchungen in dieser Arbeit werden mit zwei verschiedenen UKP-Laserstrahlquellen durchgeführt. Für die Grundlagenuntersuchung wird aufgrund der Variabilität der Pulsdauer vom Femto- bis in den Pikosekundenbereich, der Pulsenergie und der Strahlqualität eine Laserstrahlquelle vom Typ *Libra* von der Firma Coherent verwendet. Da dieses System aufgrund der geringen mittleren Leistung von maximal 1,5 W aber nicht für die Materialbearbeitung geeignet ist, wird außerdem eine Hochleistungs-UKP-Laserstrahlquelle von Amphos mit bis zu 400 W mittlerer Leistung verwendet. Außerdem werden in diesem Kapitel die Auswertemethoden zur Bestimmung der Abtragrate und Durchbohrzeit inklusive der Fehlerabschätzung dargestellt.

4.1 Laserstrahlquelle Libra

Die Laserstrahlquelle *Libra* der Firma Coherent, Inc. besteht aus einem Seed- und Pumplaser, einem regenerativen Verstärker und einer Strecker- und Kompressoreinheit. Der Seedlaser ist ein modengekoppelter Ti:Saphir-Laser, der Laserstrahlung der Wellenlänge λ= 800 nm erzeugt. Durch den nachgeschalteten regenerativen Verstärker werden Pulsenergien von 2 mJ erreicht. Über die Strecker- und Kompressoreinheit kann die Pulsdauer zwischen 80 fs und 10 ps variiert werden. Die Spezifikationen der Laserstrahlquelle sind in Tabelle 1 zusammengefasst. Die linear polarisierte Laserstrahlung wird nach Auskopplung aus dem Lasersystem über Spiegel zu einem drehbaren λ/2-Plättchen und einem polarisierenden Strahlteilerwürfel gelenkt, mit welchen die Pulsenergie angepasst werden kann (Bild 11). Anschließend kann die Laserstrahlung über Klappspiegel zu einem Autokorrelator Mini NIR der Firma APE GmbH und einem Energiemesskopf 3A der Firma Ophir umgeleitet werden, um dort Pulsenergie und Pulsdauer zu bestimmen.

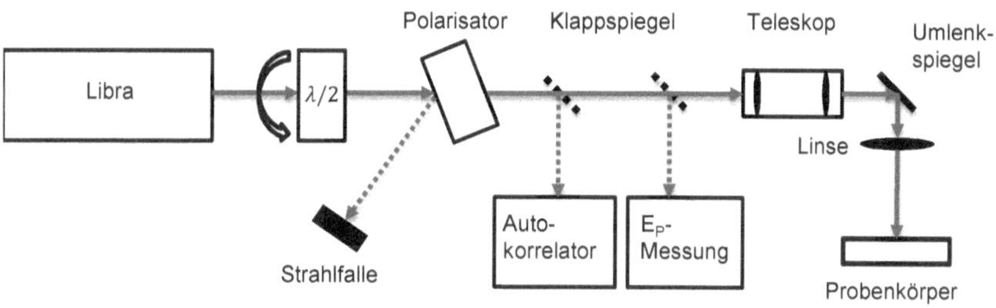

Bild 11: Schematische Darstellung des Versuchsaufbaus vom Libra Laser

Zur Anpassung des Fokusdurchmessers wird außerdem für einen Teil der Experimente ein Teleskop in dem Strahlengang positioniert. Danach wird die Laserstrahlung zu einem 3-Achs-Positioniersystem SLC-24105 der SmarAct GmbH geführt. Mittels einer Linse (f_{foc}= 200 mm) an der Z-Achse wird die Laserstrahlung auf die Probe fokussiert.

4.2 Laserstrahlquelle Amphos 400

Die Hochleistungs-UKP-Laserstrahlquelle *AMPHOS 400* der Firma Amphos GmbH besteht aus einem Seedlaser, einem Faservorverstärker, einem Innoslab-Kristall als Hauptverstärker und einem Pulskompressor, siehe Bild 12. Der Seedlaser erzeugt Laserpulse mit einer Repetitionsrate von ~40 MHz, die dann vor dem Hauptverstärker mittels eines akustooptischen Modulators (AOM) auf minimal 400 kHz reduziert werden können. Bei dieser Repetitionsrate wird im Verstärker die maximale Pulsenergie von 1 mJ erreicht. Nach dem Verstärker kann die Repetitionsrate erneut über einen Elektrooptischen Modulator (EOM) auf bis zu 1 kHz verringert werden. Die Pulsdauer kann anschließend über einen Kompressor in dem Bereich 2 – 20 ps eingestellt werden. Die Laserparameter dieser Laserstrahlquelle sind ebenfalls in Tabelle 1 angegeben. Anschließend wird die Laserstrahlung zum Bearbeitungsbereich geführt, wobei auch hier in einigen Experimenten ein Teleskop in den Strahlengang integriert wird. Die Bearbeitungsanlage besteht aus einem 3-Achs Positioniersystem der Firma Aerotech GmbH. Ein Galvanometer-Scanner (ExcelliScan 14, Scanlab GmbH) mit einer F-Theta Linse (f_{foc}= 163 mm) ist an der Z-Achse befestigt. Für viele der Experimente wird über eine koaxiale Düse oder über einen Crossjet Prozessgas bereitgestellt.

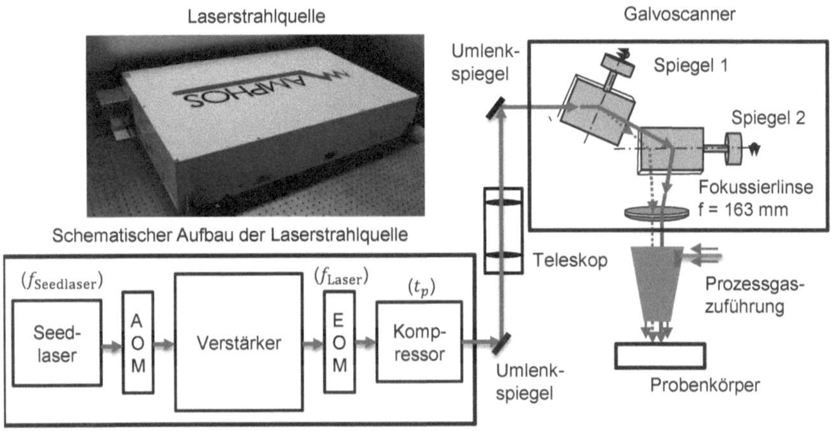

Bild 12: Schematische Darstellung des Versuchsaufbaus vom Amphos Laser und Bild der Laserstrahlquelle

Tabelle 1:
Laserparameter der beiden verwendeten UKP-Laserstrahlquellen

Parameter	Libra	Amphos 400
Wellenlänge λ	800 nm	1030 nm
Pulsenergie E_p	1,5 mJ	1 mJ
Mittlere Leistung P	1,5 W	400 W
Pulsdauer t_p	80 fs – 10 ps	2 – 20 ps
Repetitionsrate f	1 – 1000 Hz	0,4 – 40 MHz & 1 – 400 kHz (gepickt)
Beugungsmaßzahl M^2	<1,2	<1,5

4.3 Auswertemethoden und Fehlerabschätzung

Je nach Tiefe oder Aspektverhältnis der Bohrung werden unterschiedliche Messverfahren für die Bestimmung von Abtragtiefe und Abtragvolumen eingesetzt. Bohrungen, die ein Aspektverhältnis von 1 nicht überschreiten, werden mittels eines Weißlichtinterferometers (WIM) NewView 7300 der Firma Zygo ausgewertet. Die vertikale Auflösung ist mit < 0,1 nm bei einer Höhengenauigkeit von < 0,75% angegeben. Diese Messmethode wird vor allem bei den Versuchen zum Abtrag mit wenigen Pulsen verwendet. Tiefere Bohrungen oder größere Volumen werden mittels eines Laserrastermikroskops (LSM) VK-9700 der Firma Keyence vermessen. Die Tiefenauflösung des LSM ist maximal 10 nm, für die in dieser Arbeit verwendeten Aufnahmen wird aber eine Schrittweite von 1 µm verwendet. Ausgewählte Vertiefungen werden zudem mit einem Rasterelektronenmikroskop (REM) LEO 1455EP aufgenommen. Für die Bestimmung der Durchbohrzeiten wird ein Oszilloskop verwendet, an dem das Trigger-Signal von dem Laser und eine Photodiode angeschlossen ist, die auf die Probenunterseite gerichtet ist.

Die Bestimmung der Abtragvolumen bei der Untersuchung des Abtrags bei wenigen Pulsen mit dem WIM benötigt aufgrund der kleinen Abtragvolumen eine detaillierte Fehlerbetrachtung. Zerklüftete Oberflächen oder steile Bohrwände, wie sie bei Bohrungen mit Aspektverhältnis >0,5 erzeugt werden, führen zu unvollständigen Messungen der Oberfläche und induzieren Fehler bei der Bestimmung der Abtragvolumen. Folgende Fehlerursachen müssen daher bei der Abschätzung des Gesamtfehlers bei der Bestimmung der Abtragvolumen berücksichtigt werden:

- Die Messfehler des WIM selber ist mit 0,75% für die Bestimmung der Tiefe angegeben und führt daher zu einem relativen Fehler der Volumenmessung $V_{gem.}$ von $\sigma_{WIM} = 0{,}75\%$.
- Bei tieferen abgetragenen Volumen, die vom Aspektverhältnis über 0,5 sind, werden die in der Bohrung kondensierten Partikel über einen vorgelagerten Ätzprozess entfernt. Dadurch erhöht sich das Reflexionsvermögen im Inneren der Bohrung und diese können besser vermessen werden. Der Ätzprozess induziert allerdings einen weiteren Volumenabtrag, da dieser noch zusätzliches Material entfernt. In einer Vergleichsmessung bei einer Vertiefung mit und ohne Ätzprozess wird der zusätzliche Tiefenabtrag durch

das Ätzen zu t_{etch} = 200 nm abgeschätzt. Auf Basis des Durchmessers und der Tiefe der Bohrung wird mit diesem Differenzwert dann für jede Bohrung das Zusatzvolumen bestimmt, das durch den Ätzprozess entstanden ist. Dabei wird vereinfacht angenommen, dass die Bohrung als Kegel beschrieben werden kann, der über den Bohrungsradius r und die Tiefe z definiert ist. Die Volumendifferenz wird dann über die Kegelfläche multipliziert mit dem Abtrag durch den Ätzprozess bestimmt:

4.1
$$V_{etch} = \pi r \sqrt{r^2 + z^2}\, t_{etch}$$

Zur Bestimmung des Fehlers wird konservativ abgeschätzt, dass t_{etch} nur eine mittlere Tiefe ist und der wirkliche Abtrag im Bereich von $0\,nm < t_{etch} < 400\,nm$ liegt. Der relative Fehler entspricht dann

4.2
$$\sigma_{etch} = \pm \frac{\pi r \sqrt{r^2 + z^2}}{\frac{1}{3}\pi r^2 z}\, t_{etch},$$

wobei das Abtragvolumen hier ebenfalls auf Basis der Berechnung eines Kegels bestimmt wird.

- Bei tieferen Bohrungen wird die Bohrungswand steiler und kann durch das WIM nicht mehr aufgelöst werden. In Bild 13, links wird ein beispielhafter Linienscan einer Bohrung mit Aspektverhältnis >0,5 aufgezeigt, bei der die Bohrungswand nicht mehr gemessen werden konnte. Um trotzdem eine Volumenbestimmung durchführen zu können, müssen die fehlenden Messwerte über einen Datafill-Algorithmus gefüllt werden. Dieser unterschätzt oder überschätzt das reale Abtragvolumen aber durch die Wahl der Verbindungslinie. (Bild 13, rechts). Zur Abschätzung des dadurch entstandenen Fehlers wird das Volumen der falsch interpolierten Bereiche abgeschätzt und in Verhältnis zum gesamten gemessenen Volumen gesetzt. Auf Basis einiger repräsentativer Messungen wird das Abtragvolumen durch den Datafill-Algorithmus durchschnittlich um 15% unter- oder überschätzt. Je nach Ergebnis des Datafill-Algorithmus wird dieser Anteil dann zum gemessenen Volumen hinzugefügt oder abgezogen:

4.3
$$V_{DF} = \pm 0{,}15\, V_{gem}$$

Unter der Annahme, dass die beiden Datafill-Varianten die Ober- und Untergrenze der Abtragvolumen angeben und der reale Verlauf dazwischen gleichverteilt ist, kann für den induzierten relativen Fehler angenommen werden:

4.4
$$\sigma_{DF} = \frac{15\% - (-15\%)}{\sqrt{12}} = 8{,}7\%$$

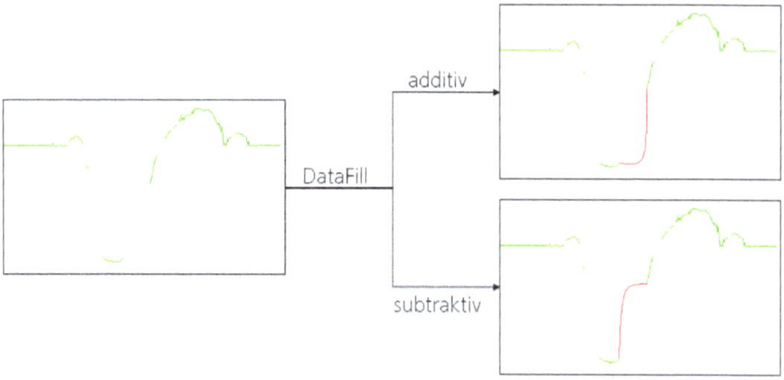

Bild 13:
Typische Fehler des Datafill-Algorithmus bei Rekonstruktion der Bohrungsgeometrie
Links: Rohdaten
Rechts: Über- und unterschätztes Volumen durch den Datafill-Algorithmus

Zusammengefasst wird das gesamte abgetragene Volumen V_{ges} inklusive der relativen Fehler wie folgt berechnet:

$$V_{ges} = \left(V_{gem} + V_{DF} - V_{etch}\right) \cdot \left(1 \pm (\sigma_{DF} + \sigma_{WIM} + \sigma_{etch})\right) \quad (4.5)$$

Die Volumenkorrektur V_{DF} und der Fehler σ_{DF} werden nur bei der Volumenbestimmung der Bohrungen verwendet, bei denen der Datafill-Algorithmus verwendet wurde und dieser einen der in Bild 13 dargestellten Fehler erzeugt. Der Wert der Volumenkorrektur ist dann je nach Fehlertyp positiv oder negativ. Das Zusatzvolumen durch das Ätzen V_{etch} und der Fehler σ_{etch} wird wie zuvor beschrieben auch nur bei Abtragflächen mit einem Aspektverhältnis >0,5 mit in die Volumenberechnung einbezogen, wenn dort die Proben zuvor geätzt wurden.

4.4 Scanstrategien

Für den flächigen Abtrag des Bohrungsquerschnitts für einen Teil der Versuche wird die Laserstrahlung in Form von Spiralen abgelenkt. Diese Strategie ermöglicht eine kontinuierliche Abfahrt der gesamten Fläche, ohne dass Prozesspausen durch das Springen zu einer neuen Position erforderlich sind. Beispielhaft sind in Bild 14 eine, drei und zehn Spiralen abgebildet, deren Größe über den Innen- und Außendurchmesser definiert ist. Der Pitch zwischen zwei Spiralumfahrten wird in der Größenordnung des Fokusdurchmessers gewählt. Die Spiralen werden jeweils um den konstanten Wert von 108° gegeneinander verdreht. Dadurch wird bereits nach drei Umfahrten die gesamte Querschnittsfläche gleichmäßig abgetragen, eine genaue Wiederholung des Scanpfads findet jedoch erst nach 10 Spiralen statt. So wird die Ausbildung von Gräben verringert, die bei wiederholtem Abfahren eines ähnlichen Scanpfads entstehen. Diese reduzieren in längeren Prozessen durch die reduzierte projizierte Fluenz die Abtragrate. Das Zentrum der Spirale wird hier nicht mit abgetragen. Zum einen ist die Scangeschwindigkeit bei kleinen Spiraldurchmessern durch die steigende Beschleunigungsrate der Galvanometer-Spiegel nicht mehr erreichbar und der Scanpfad wird nicht mehr eingehalten. Des Weiteren wird durch Wärmeakkumulation und

Reflexionen an der Bohrungswand der zentrale Bereich indirekt im Laufe des Bohrprozesses mit abgetragen.

Bild 14:
Darstellung der verwendeten Spiralen, beispielhaft für 1, 3 und 10 nachfolgende Spiralen

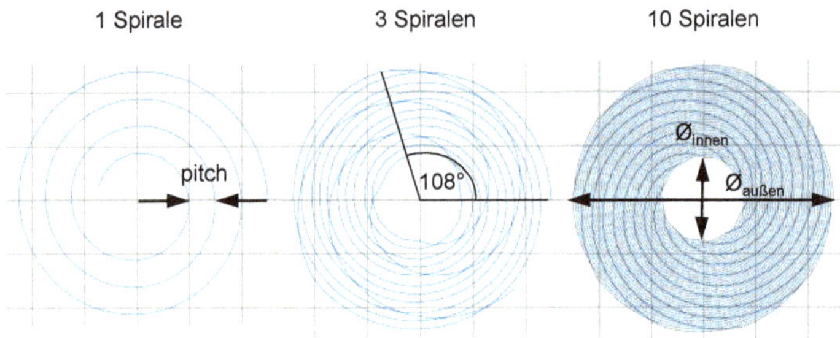

5 Abtrag mit wenigen Pulsen und hohen Fluenzen[6]

In diesem Kapitel werden die Grundlagenuntersuchungen zur Abtragrate von Edelstahl mittels ultrakurzen Laserpulsen bei hohen Fluenzen bis 300 J/cm² vorgestellt. Die Untersuchungen in diesem Kapitel dienen der Beantwortung der Forschungsfrage 1 a), in der die Frage nach dem Verlauf und den zugrunde liegenden Phänomenen beim Abtrag mit hohen Fluenzen gestellt wird. Bild 15 ordnet diese Untersuchungen in die Struktur der gesamten Arbeit ein. Sämtliche Untersuchungen zur Bestimmung der Abtragrate werden nach der Deposition einiger 10 Pulse auf einer Stelle durchgeführt. Dabei wird die Abtragrate in Form der Abtragtiefe pro Puls und dem Abtragvolumen pro Puls bestimmt und ausgewertet. Die Bestimmung der Abtragrate als Funktion der Spitzenfluenz wird dabei zuerst unter Laborbedingungen mit der Laserstrahlquelle *Libra* durchgeführt und anschließend auf eine für die Materialbearbeitung typische Laserstrahlquelle mit entsprechenden Prozessparametern übertragen.

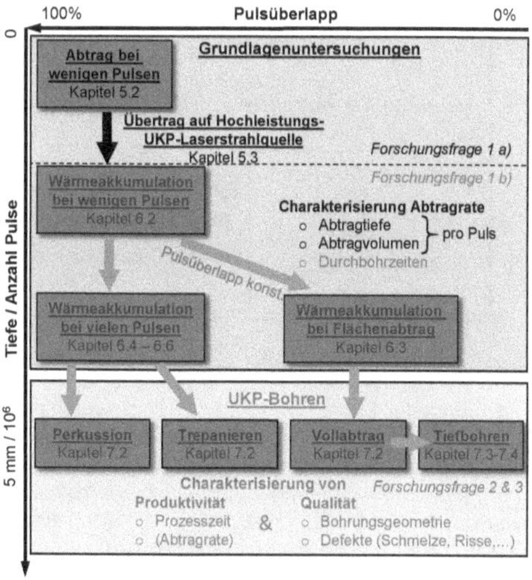

Bild 15: Einordnung der Untersuchungen und Auswertungen zur Abtragrate bei wenigen Pulsen in diesem Kapitel in die Struktur der Arbeit

[6] Die Ergebnisse in diesem Kapitel basieren zum Teil auf der Veröffentlichung [HAAS19b].

5.1 Vorgehen

Ziel der ersten Experimente ist, einen detaillierten Verlauf der Abtragrate als Funktion der Fluenz als Referenz für weitere Untersuchungen zu erhalten. Das Vorgehen dafür wird in Bild 16 dargestellt. Die Einflussfaktoren für die Abtragrate werden abgeschätzt, indem systematisch der Einfluss der einstellbaren Parameter auf die Abtragrate untersucht wird. Dies wird für die zwei Pulsdauern 100 fs und 2 ps durchgeführt. Die Versuche werden unter den Randbedingungen einer gaußförmigen Intensitätsverteilung in normaler Umgebungsatmosphäre und dem Einsatz weniger Pulse für Edelstahl durchgeführt. Eine Auswertung erfolgt über die Abtragrate, bestehend aus Abtragtiefe und Abtragvolumen pro Puls. Die Abtragtiefe pro Puls entspricht der klassischen Darstellung der Abtragrate und ist für einen direkten Vergleich mit anderen Veröffentlichungen geeignet. Außerdem werden über diese Darstellungsweise Effekte sichtbar, die bei der Betrachtung des Abtragvolumen pro Puls nicht auffallen. Das Abtragvolumen wiederum ist unempfindlicher gegenüber dem Einfluss nichtlinearer Effekte und ermöglicht eine bessere Vergleichbarkeit der Ergebnisse untereinander.

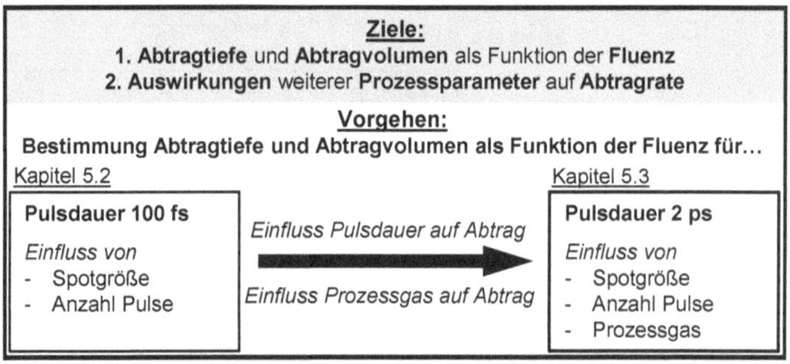

Bild 16: Ziel und Vorgehensweise der Untersuchungen zur Abtragrate als Funktion der Fluenz in diesem Kapitel

In Abschnitt 5.2 werden diese Versuche zuerst für eine Pulsdauer von 100 fs durchgeführt. Die Verwendung der kurzen Pulsdauer stellt sicher, dass während der Energiedeposition keine Interaktion mit dem Kristallgitter auftritt ($\tau_{e-ph} \approx 1\,ps$). Außerdem kann durch die hohe Pulsenergie der verwendeten Laserstrahlquelle der Einfluss der Fluenz in einem weiten Bereich von drei Größenordnungen untersucht werden. Die Versuche werden mit einer Repetitionsrate von 5 Hz durchgeführt, bei der eine Puls-Partikel Wechselwirkung vernachlässigt werden kann (Bestätigung der Annahme in Abschnitt 6.2). Die Wechselwirkung der Laserpulse mit der Atmosphäre in Fokusnähe bei hohen Intensitäten wird bei der Interpretation der Ergebnisse berücksichtigt und deren Einfluss auf die weiteren Untersuchungen abgeschätzt. Zusätzlich werden auch weitere mögliche Einflussgrößen wie die Spotgröße oder die Anzahl der Pulse untersucht, welche außerdem noch folgenden Randbedingungen genügen müssen:

- Das Aspektverhältnis der entstandenen Vertiefung soll unter 0,5 bleiben, um die typischen Phänomene beim Bohren, welche in Abschnitt 3.3 erläutert werden, ausschließen zu können [BYSK10, S.99], [RUF04, S.52], [NOLT97, S.2717].
- Eine Mindestanzahl an Pulsen ist notwendig, um reproduzierbare Ergebnisse zu erhalten. Aufgrund von Inkubationseffekten ändert sich die Abtragrate während der ersten Pulse, was insbesondere bei höheren Fluenzen zu starken Schwankungen der Abtragrate pro Puls führt. Laut Literatur und eigener Versuche, die in Abschnitt 6.2 vorgestellt werden, werden ab ca. 20 Pulsen reproduzierbare Ergebnisse erhalten [MANN04, S.283], [NEUE12, S.5].
- Unter Einhaltung beider zuvor genannten Randbedingungen soll bei konstanter Anzahl an Pulsen sowohl bei der Schwellfluenz als auch bei sehr hohen Fluenzen die Abtragrate messtechnisch gut ermittelbar sein.

Anschließend wird die Übertragbarkeit der Ergebnisse auf eine für die Materialbearbeitung geeignete UKP-Laserstrahlquelle überprüft. Diese Laserstrahlquellen haben längere Pulsdauern im Pikosekundenbereich, wodurch streng genommen die Annahme einer zeitlichen Entkopplung von Energiedeposition und Abtragprozess nicht mehr gültig ist. Auch die Pulsrepetitionsraten sind deutlich höher und liegen in der Größenordnung von 100 kHz. Während der Einfluss der hohen Repetitionsraten auf die Abtragrate noch in Kapitel 6 ausführlich untersucht wird, erfordern höhere Repetitionsraten auch den Einsatz von Prozessgas zum Schutz der Optiken und Abfuhr der Ablationsprodukte. Der prinzipielle Einfluss von Prozessgas auf den Abtragprozess muss daher auch untersucht werden. Daher werden in Abschnitt 5.3 die Prozessparameter schrittweise an die für die Materialbearbeitung verwendete Laserstrahlquelle angepasst und der jeweilige Einfluss des Prozessparameters auf die Abtragrate untersucht. In einem ersten Schritt werden die Untersuchungen zur Bestimmung der Abtragrate für eine Pulsdauer von 2 ps wiederholt und mit den vorherigen Ergebnissen bei 100 fs Pulsdauer verglichen. Danach wird der Einfluss eines koaxialen Prozessgasstroms auf die Abtragrate abgeschätzt.

5.2 Abtragregime bei 100 fs Pulsdauer

In Bild 17 ist die Abtragtiefe und das Abtragvolumen pro Puls für zwei verschiedene Spotdurchmesser bei einer Pulsdauer von 100 fs in Abhängigkeit der Fluenz aufgetragen. Der Graph beginnt im Bereich der Abtrags-Schwellfluenz und steigt dann bis zu einer Fluenz von 300 J/cm². Jeder dargestellte Messwert stellt den Mittelwert aus Experimenten da, die mit einer verschiedenen Anzahl an Pulsen durchgeführt werden, um so auch einen Einfluss dieses Parameters mit zu berücksichtigen. Der Graph wird für die weitere Auswertung in die drei Region I, II und III unterteilt, die unterschiedliche Domäne repräsentieren. Diese Domänen unterscheiden sich dabei von den beiden Abtragregimen (optisch und thermisch dominierter Abtrag), welche aus dem einfachen Ablationsmodell aus Unterabschnitt 3.2.3 abgeleitet werden. Bei kleinen Fluenzen bis zu ca. 2 J/cm² (Region I) ist das 1. Regime sichtbar, bei der eine logarithmische Steigung der maximalen Abtragtiefe beobachtet wird. Ein Fit dieser Datenpunkte führt zu $F_{th} = 0.14\,J/cm^2$ und $\delta_{opt} = 15.8\,nm$, welche gut mit den

Werten aus anderen Veröffentlichungen übereinstimmen [MANN04, S.286], [NEDI04, S.640], [LEHA05, S.325], [MING09, S.75]. Für Fluenzen größer als ~2 J/cm² beginnt gemäß Literatur das 2. Abtragregime [LEHA05, S.325], [MING09, S.74], [SCHI15, S.850], [NOLT97, S.2717], [NEDI04, S.640]. Jedoch zeigt dieser Bereich nicht den auf Grundlage der Theorie und anderen Veröffentlichungen erwarteten Verlauf einer logarithmischen Abhängigkeit von der Fluenz, wie im Graph in lila gepunktet angedeutet. Jedoch sind mehrere Veröffentlichungen bekannt, die ebenfalls einen ähnlichen wie hier gezeigten Verlauf der Abtragtiefe darstellen, dies aber nicht weiter diskutieren [NEDI04, S.640], [MANN04, S.284], [MING09, S.74]. Für den Datenpunkt bei einer Fluenz von 3,5 J/cm² im zweiten Bereich wird außerdem ein interessantes Verhalten beobachtet. Dieser zeigt einen kleinen Einbruch in der Abtragtiefe. Dies ist kein statistischer Ausreißer, da dieses Verhalten in jedem einzelnen Set an Experimenten beobachtet wird. Dieser Punkt markiert den Beginn des Auftretens einer Schmelzschicht, die die Abtragrate für höhere Fluenzen beeinflusst, wie auch noch detailliert in den WIM-Aufnahmen in Bild 18 gezeigt wird. Dies führt anfangs zu einer kaum veränderten Steigung der Abtragtiefe im Vergleich zum 1. Regime bis zu einer Fluenz von ca. 12 J/cm². Allerdings steigt die Abtragtiefe dafür zwischen 12 – 24 J/cm² ungefähr um einen Faktor drei an. Dieser Sprung entsteht dadurch, dass die Schmelze nun aus dem Zentrum der Bohrung durch den höheren Dampfdruck und die größere Schmelzschichtdicke auch ausgetrieben werden kann und nicht mehr im Zentrum der Bohrung verbleibt. Für weiter steigende Fluenzen bis mindestens 100 J/cm² sind deutlich größere Schwankungen sichtbar. Im Mittel bleibt die Abtragtiefe in dem Bereich aber konstant beziehungsweise kann in einzelnen Fällen sogar sinken. Die gleiche Beobachtung wird auch von Klimentov gemacht [KLIM01, S.381]. Für Fluenzen jenseits der 100 J/cm² setzt erneut ein Anstieg der Abtragtiefe ein.

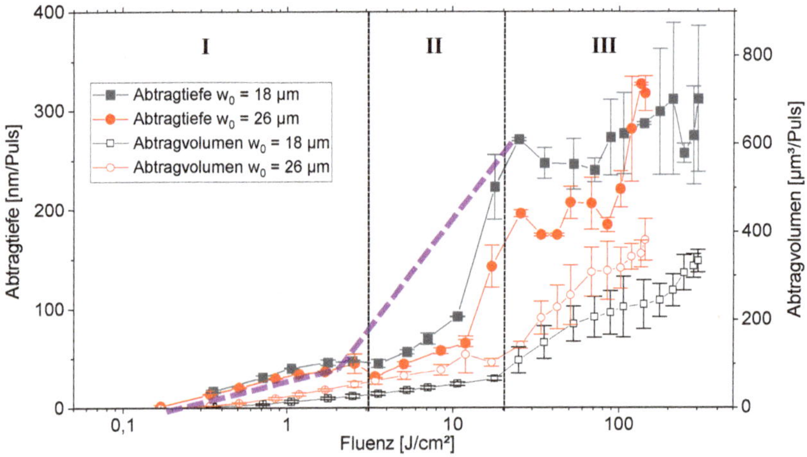

Bild 17: Abtragtiefe und Abtragvolumen pro Puls als Funktion der Fluenz für Edelstahl bei 100 fs Pulsdauer. Prinzipieller Verlauf der Abtragtiefe auf Grundlage des zwei Abtragregime in lila. Laser: Libra, λ= 800 nm, t_p= 100 fs, f= 5 Hz; w_0= 18 µm: N_{Puls}=25 & 50; w_0= 26 µm: N_{Pulse}=50 & 100

Beide betrachteten Fokusdurchmesser verlaufen sehr ähnlich, jedoch ist die Abtragtiefe des kleineren Fokusdurchmesser nach dem 1. Regime über 20% höher und beide Verläufe nähern sich erst wieder bei ~120 J/cm² aneinander an. Der Grund für dieses Verhaltens ist nicht bekannt. Dieser Effekt resultiert nicht aus der unterschiedlichen Bohrgeometrie, da die Abtragtiefe in der Größenordnung von nur 2 µm liegt und somit zu klein für typische Effekte beim Bohren ist. Der Grund hängt vermutlich mit der Schmelzerzeugung zusammen, da beide Effekte bei der gleichen Fluenz auftreten. Diese Differenz in der Abtragtiefe wird hier aber nicht weiter behandelt.

Im Gegensatz zur Abtragtiefe steigt das Abtragvolumen pro Puls monoton über den kompletten Bereich der untersuchten Fluenz an. Die Steigung der Graphen bleibt über die ersten beiden Regionen ungefähr konstant und erhöht sich sprunghaft beim Erreichen von Region III. Auch in Region III kann wieder in erster Näherung ein linearer Verlauf des Abtragvolumens angenommen werden. Die sprunghafte Änderung der Steigung markiert das Einsetzen des schmelzdominierten Abtragmechanismus.

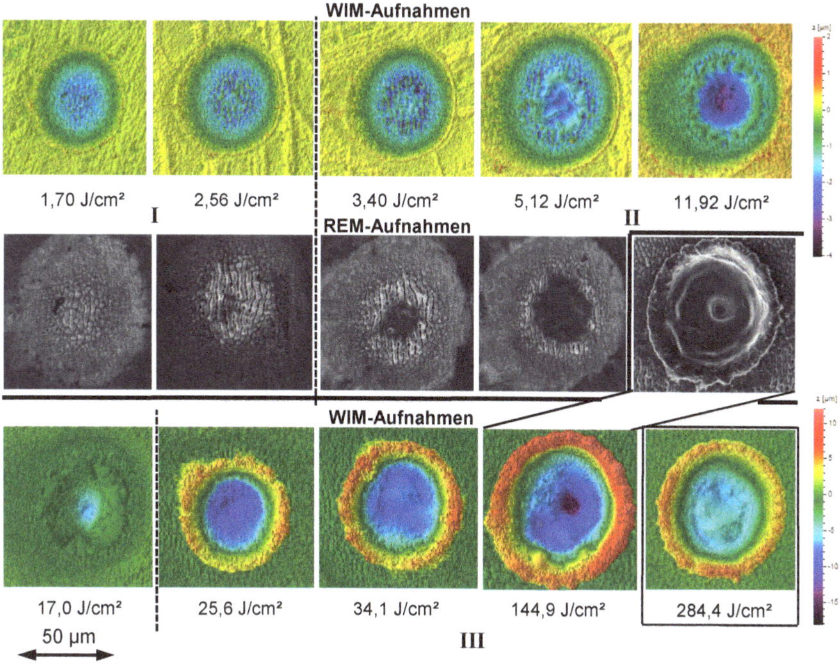

Bild 18: WIM- und REM-Aufnahmen der abgetragenen Vertiefungen in Edelstahl. Die Tiefe ist mittels Falschfarben dargestellt, die jeweilige Skalierung ist rechts neben der Reihe angegeben. Für ausgewählte Vertiefungen wird auch die dazugehörige REM-Aufnahme gezeigt. Alle gezeigten Vertiefungen wurden mit einem Strahlradius von w_0= 26 µm hergestellt, Ausnahme ist die letzte Aufnahme (w_0= 18 µm). Laser: Libra, λ= 800 nm, t_p= 100 fs, f= 5 Hz, 50 Pulse [letztes Bild: 25]

Zum besseren Verständnis des detaillierten Verlaufs des Graphs werden WIM und REM Aufnahmen der abgetragenen Vertiefungen erstellt, welche für ausgewählte Fluenzen in Bild 18 dargestellt werden. Region I entspricht dem 1. Regime, wie bereits zuvor gezeigt wurde. Die Aufnahmen hier zeigen hier eine typische mikrostrukturierte Oberfläche inklusiver Ripples für die höheren Fluenzen (z.B. F= 2,56 J/cm²). Die dritte Aufnahme zeigt nun die erste Vertiefung, die zu Region II gezählt wird und das erste Mal deutlich die ausgebildete Schmelzschicht im Zentrum sichtbar wird. Insbesondere bei den REM-Aufnahmen ist die Schmelzschicht im Zentrum gut zu erkennen. Region II wird als Übergangsgebiet definiert, da hier aufgrund der gaußförmigen Intensitätsverteilung je nach Ort sowohl der klassische verdampfungsdominierte Abtrag als auch Schmelzbildung stattfindet. In Region III (F≥ 20 J/cm²) wird über der kompletten Abtragfläche Schmelze erzeugt, wie an der glatten Oberfläche in den WIM-Aufnahmen zu erkennen ist. Der Ring an geschmolzenem Material um die Bohrung herum lässt auf ein Austreiben der Schmelze aus dem Bohrungszentrum schließen, ähnlich wie beim Bohren mit längeren Pulsen. Dies bildet eine Erklärung für die großen Schwankungen in Region III, da durch den dominierenden Schmelzaustrieb die Abtragtiefe stärker als vorher variiert. Bis zur maximal betrachteten Fluenz von 284,4 J/cm² ändert sich das grundsätzliche Aussehen der Vertiefungen nicht mehr.

Bild 19:
Streustrahlungsanteil nach [BREI10, S.93] im Vergleich mit dem Strahlungsanteil, der oberhalb der Grenzfluenz von 20 J/cm² liegt
λ= 800 nm
w_0= 9 µm
t_p= 110 fs
f= 1 kHz
M^2= 2

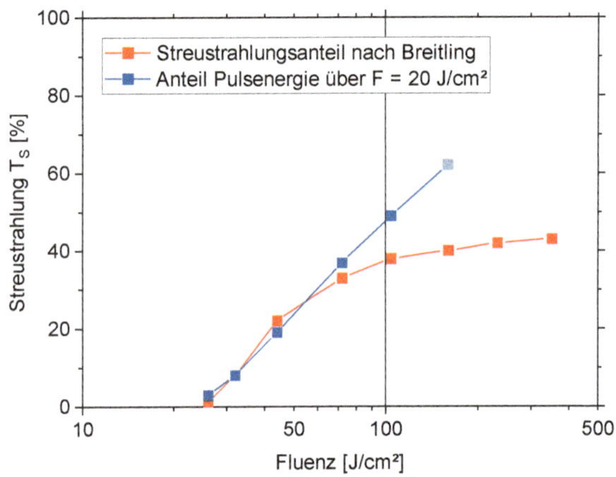

Das Plateau der Abtragtiefe in Region III zwischen 20 - 120 J/cm² (Bild 17) kann mithilfe Bild 17 und Bild 18 erklärt werden. Trotz Erhöhung der Fluenz um einen Faktor 6 und einer Verdopplung des Abtragvolumens bleibt die maximale Abtragtiefe konstant oder verringert sich sogar in einzelnen Datenpunkten. Dies kann mit einer Begrenzung der maximalen Intensität im Strahlprofil erklärt werden. Die hohe Intensität in Fokusnähe erzeugt einen dielektrischen Gasdurchbruch, siehe auch Unterabschnitt 3.3.3. Ab 20 J/cm² ($I=2*10^{14}$ W/cm²) ist die Atmosphäre ionisiert, weshalb sich die Elektronendichte nicht weiter erhöhen kann [LIU10, S.26011], [KALU19, S.28]. In den Filamenten bleibt dann auch die

Intensität konstant, da sich hier die Effekte der Defokussierung aufgrund des geringeren Brechungsindexes im Plasma und des Kerr-Effekts ausgleichen. Dieser Effekt des *intensity clamping* begrenzt die maximal erreichbare Fluenz in der Atmosphäre [LIU10, S.26015]. Daher wird auch bei nominell höheren Fluenzen keine größere Abtragtiefe erreicht, da die transmittierte Intensität und somit die auf der Materialoberfläche auftreffende Fluenz begrenzt wird.

Bestätigt wird der Effekt über Messungen von Breitling, der den Streustrahlungsanteil als Funktion der Fluenz bestimmt hat [BREI10, S.93]. Dieser wird in Bild 19 zusammen mit dem Anteil der Pulsenergie aufgetragen, der bei Annahme eines Gaußprofils oberhalb von 20 J/cm² liegt. Wie zu erkennen ist, sind die beiden Verläufe bis zu einer Fluenz von ~80 J/cm² fast identisch. Für höhere Fluenzen gehen die beiden Graphen auseinander. Da hier die Filamentation bereits deutlich vor der Fokusebene stattfindet, vergrößert sich auch die Abtragfläche und die in Bild 19 verwendeten Annahmen für die Abschätzung sind nicht mehr gültig.

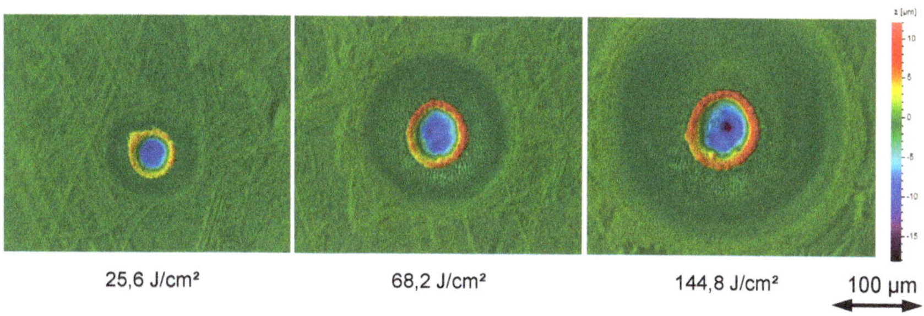

Bild 20: WIM-Aufnahmen der abgetragenen Vertiefungen inklusive Umgebung in Edelstahl. Die Tiefe ist mittels Falschfarben dargestellt, die Skalierung ist rechts neben der Reihe angegeben. Laser: Libra, λ= 800 nm, t_p= 100 fs, f= 5 Hz, w_0= 26 µm, 50 Pulse

Die Erzeugung des Gasdurchbruchplasmas führt außerdem zu einer Deformation und Aufweitung des Strahlprofils. Dabei wird mit einem Teil der Laserstrahlung durch die hohe Intensität in Fokusnähe ein Superkontinuum erzeugt, welches einen größeren Divergenzwinkel als die Laserstrahlung besitzt und *Conical Emissions* genannt werden. Bei höheren Fluenzen können diese bereits deutlich vor der Fokusebene auftreten, da dort bereits die nötigen Intensitäten erreicht werden [BREI10, S.148]. Die Auswirkungen der *Conical Emissions* werden in Bild 20 gezeigt. Mit steigender Fluenz steigt auch der Durchmesser der Vertiefung, da sich der Breite des Gaußstrahls oberhalb der Schwellfluenz vergrößert. Dies entspricht ungefähr dem Durchmesser des roten Rings in Bild 20. Bei einer Fluenz von 144,8 J/cm² liegt der Durchmesser des Rings bei ca. 86 µm, der in der Nähe des theoretischen Abtragdurchmessers an der Schwellfluenz von ca. 100 µm liegt. Mit Beginn der Filamentbildung bei ~20 J/cm² kann ein weiterer, mit steigender Fluenz wachsender Ring um die Vertiefung herum beobachtet werden. Dieser hat eine gleichmäßige und typisch mikrostrukturierte Oberfläche, wie vom Abtrag im 1. Regime bekannt. Da mit steigender

Fluenz die Filamentation weiter vor der Fokusebene beginnt, wird der Ring größer und erreicht bei den höchsten Fluenzen einen Durchmesser von bis zu 300 µm. Bei Nutzung der gleichen Annahme, dass die Streuprozesse bei Erreichen eines Intensitätsschwellwerts beginnen, kann der Durchmesser D_{CE} der Fläche bestimmt werden, der von den Conical Emissions abgetragen wird:

5.1

$$D_{CE} = 2\tan(\alpha_{CE})\, z_r \sqrt{\frac{F}{F_{th}^{CE}} - 1}$$

Die Rayleighlänge z_r ist hier 2,5 mm. Basierend auf den WIM-Aufnahmen der Vertiefungen wird die Schwellfluenz und der Divergenzwinkel mit der genannten Formel gefittet. Die Schwellfluenz wird dann zu $F_{th}^{CE} = 17\, J/cm^2$ und der Divergenzwinkel der Conical Emissions zu $\alpha_{CE} = 1{,}23°$ bestimmt. Die folgende Tabelle 2 zeigt den Vergleich zwischen den gemessenen Durchmessern der *Conical Emissions* und dem berechneten Werten für die Fluenzen aus Bild 20.

Tabelle 2: Vergleich der Durchmesser des Abtrags durch Conical Emissions von Bild 20 mit den Ergebnissen der Abschätzung mittels Formel 5.1.

Fluenz [J/cm²]	Durchmesser CE gemessen [µm]	Durchmesser CE berechnet [µm]
25,6	100	76
68,2	175	206
144,8	300	294,6

Wie bereits zuvor beschrieben, zeigt der Verlauf des Abtragvolumens als Funktion der Fluenz nur eine Änderung der Steigung und ist sonst monoton und in erster Näherung logarithmisch steigend. Eine Änderung der Steigung muss zudem einen Wechsel des Abtragmechanismus markieren, wie auch an dem Volumenverhältnis der beiden betrachteten Fokusdurchmesser zu erkennen ist. Das Verhältnis der Abtragvolumen pro Puls kann bei Annahme eines Gaußstrahls, gleichen Fluenzen und dem logarithmischen Abtraggesetz zu

5.2

$$\frac{V_{w_0^1}}{V_{w_0^2}} = \frac{{w_0^1}^2}{{w_0^2}^2}$$

bestimmt werden [FING17, S.15]. Für die verwendeten Strahldurchmesser aus Bild 17 ergibt sich nach der Formel ein Verhältnis von zwei. In Bild 21 wird nun das Verhältnis der experimentell bestimmten Abtragvolumen im Vergleich mit dem berechneten Wert gezeigt und bestätigt den theoretischen Wert bis zu Fluenzen von 5-10 J/cm², je nach Interpretation des Messwertes für 12 J/cm². Für höhere Fluenzen verringert sich dann das Verhältnis auf Werte im Bereich von 1,5. Der hier beobachtete Übergang der Volumenverhältnisse entspricht dabei dem Bereich, der den Wechsel zu einem schmelzdominierten Abtrag definiert (siehe Bild 18). Daher kann auch am Verhältnis der Abtragvolumen erkannt werden, dass eine klassische Beschreibung des Abtrags mithilfe der beiden Abtragregime nur bis 5-10 J/cm² möglich ist.

Bild 21:
Verhältnis der Abtragvolumen der beiden Strahldurchmesser aus Bild 17, Vergleich mit berechnetem Wert

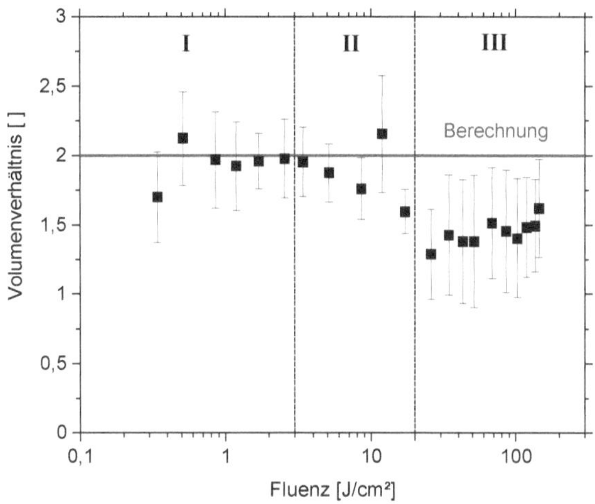

Die hier beobachtete Entstehung von signifikanten Schmelzschichtdicken bei bereits moderaten Fluenzen wird auch in anderen Publikationen diskutiert:

- Bereits bei der Einführung der beiden logarithmischen Abtragregime wird angemerkt, dass mit Beginn des zweiten Regimes bei Kupfer eine dünne Schmelzschicht entsteht und keine Riffel mehr zu beobachten sind. Jedoch hatte dieser Effekt bei Kupfer keinen Einfluss auf das zweite Abtragregime. [NOLT97, S.2717]
- Nedialkov et al. kommen auf Grundlage von Experimenten und *Molecular Dynamics* Studien ebenfalls zu einem ähnlichen Ergebnis. Eine ausgeprägte Schmelzschicht wird bereits bei 10 J/cm² beobachtet. Diese Beobachtung wird mit zwei Mechanismen erklärt. In den Simulationen überhitzt das Material bereits bei Fluenzen > 0,5 J/cm² und führt so zu einem starken Anstieg des Drucks im geschmolzenen Material. Diese Kraft kann dann die Schmelze aus der Bohrung beschleunigen. Allerdings wird durch die Erhöhung der Elektroneneindringtiefe auch das erhitzte Volumen vergrößert. Durch die Vergrößerung des Schmelzvolumens verringert sich wiederum die Überhitzung des Materials. Dadurch wird der Schwellwert, ab dem der Verdampfungsdruck die Schmelze aus der Bohrung austreiben kann, zu höheren Fluenzen verschoben. Dies stimmt mit den vorherigen Beobachtungen überein, bei denen zuerst eine Schmelzschicht entsteht (2,6 J/cm²) diese aber erst bei deutlich größeren Fluenzen (ab 12 J/cm²) aus der Vertiefung auch ausgetrieben wird. [NEDI04, S.642]

  Der Verlauf des Abtragvolumens unterstützt diese Erklärung, da dieser in der gesamten Region II konstant steigt und auch beim Sprung der Abtragtiefe kaum eine Änderung zeigt. Das Abtragvolumen wird daher kaum von der entstehenden Schmelze beeinflusst, dementsprechend führt die Schmelze nur zu einer geringeren maximalen Abtragtiefe.

- Zhigilei et al. kommen nach einem Vergleich der *Molecular Dynamics* Simulationen mit Experimenten ebenfalls zur Schlussfolgerung, dass der Abtrag bei hohen Fluenzen schmelzdominierend ist. Die Simulationen wurden für Nickel erstellt, ein ähnliches Verhalten im Vergleich mit Edelstahl wird aber aufgrund der ähnlichen physikalischen Eigenschaften angenommen. Die berechneten Aufschmelztiefen bei höheren Fluenzen sind in der gleichen Größenordnung wie die Abtragtiefe und auch der Verlauf der Werte ist konsistent mit den Experimenten. Ein direkter Vergleich der Abtragtiefe aus den Simulationen mit den experimentellen Ergebnissen war aber nicht möglich. Die Simulationen haben die Druckgradienten in der Bohrung nicht berücksichtigt, welche die Schmelze aus der Bohrung austreibt. [ZHIG09, S.11901]
- Auch in Mannion et al. wird eine sichtbare Schmelzschicht im Zentrum der Vertiefung bei einer Fluenz von 4,3 J/cm² beobachtet. [MANN04, S.279]

5.3 Abtragregime bei 2 ps Pulsdauer und Einfluss Prozessgas

Die bisherigen Untersuchungen wurden mit einer Pulsdauer deutlich unterhalb der Elektron-Phononen Wechselwirkungszeit τ_{e-ph} von Edelstahl durchgeführt. Für die Materialbearbeitung werden aber typischerweise Laserstrahlquellen verwendet, deren Pulsdauer im Pikosekundenbereich liegen, und sich damit in der Größenordnung von τ_{e-ph} befinden. Dies bedeutet, dass Energiedeposition und die Aufheizung des Kristallgitters nicht mehr voneinander entkoppelt sind und somit die Voraussetzungen für das Zwei-Temperaturen Modell strenggenommen nicht mehr erfüllt sind. Daher wird nun untersucht, ob oder welchen Einfluss dies auf den Verlauf der Abtragrate und den beobachteten Phänomenen wie die Schmelzentstehung hat.

5.3.1 Einfluss Pulsdauer auf Schmelzbildung

Zuerst wird dafür die Schwellfluenz im Detail betrachtet, ab der eine sichtbare Schmelzschicht auftritt. Denn die Schmelzentstehung bestimmt den Verlauf der Abtragrate ab 2 J/cm². Dazu werden Vertiefungen mit steigenden Pulsdauern abgetragen und WIM-Aufnahmen angefertigt. Bis zu 2 ps wird dabei die Laserstrahlquelle Libra verwendet. Dem gegenübergestellt werden Versuche mit dem Amphos für 2 ps und 10 ps Pulsdauer, um die Übertragbarkeit der Ergebnisse zu bestätigen. Die WIM-Aufnahmen der Vertiefungen sind in Bild 22 dargestellt, wobei für jede Pulsdauer die Oberfläche der Vertiefung direkt bei der Schwellfluenz für Schmelzentstehung (2,56 J/cm²) und eine leicht höhere Fluenz (3,4 J/cm²) gezeigt wird. Bis zu einer Pulsdauer von 2 ps ist auch bei der Laserstrahlquelle von Amphos kein Unterschied festzustellen. Nur für die höhere Fluenz ist keine deutliche Schmelzschicht sichtbar. Wird die Pulsdauer jedoch auf 10 ps erhöht, verringert sich sowohl die Abtragtiefe als auch die Oberflächenstruktur der bestrahlten Oberfläche deutlich. Die Riffel haben eine deutlich kleinere Wellenlänge im Vergleich zu den kleineren Pulsdauern. Oberhalb der

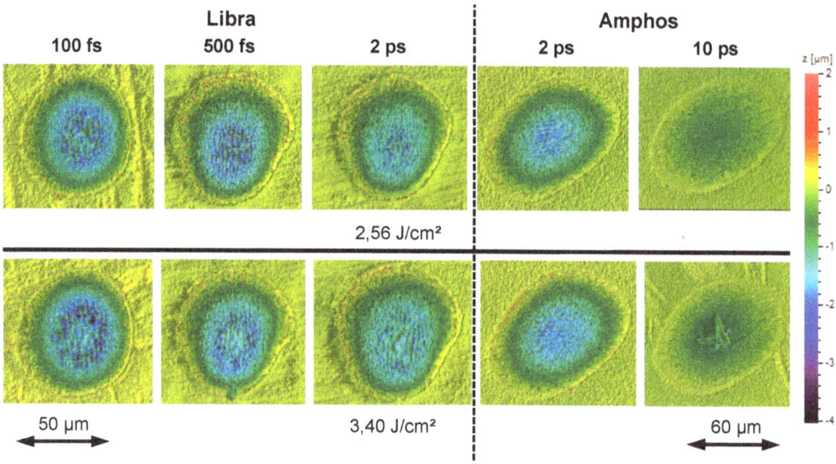

Bild 22: WIM-Aufnahmen der abgetragenen Vertiefungen in Edelstahl für verschiedene Pulsdauern und mit beiden Laserstrahlquellen, oben kurz vor der Schwellfluenz für Schmelzentstehung (2.56 J/cm²) und unten über der Schwellfluenz (3.40 J/cm²). Die Tiefe ist mittels Falschfarben dargestellt, die Skalierung ist rechts neben der Reihe angegeben. Alle gezeigten Vertiefungen wurden mit 50 Pulsen hergestellt. Libra: λ= 800 nm, f= 5 Hz, w_0= 26 µm. Amphos: λ= 1030 nm, f= 1000 Hz, w_0= 28 µm

Schwellfluenz ist weiterhin eine Veränderung der Oberfläche zu erkennen, die auch als Schmelze interpretiert werden könnte. Diese hat jedoch eine andere Form als zuvor. Daher ist unklar, ob die zuvor erlangten Erkenntnisse auch bei 10 ps noch gültig sind. Bei Überschreitung einer Pulsdauer von 1-2 ps sinkt jedoch die Abtrageffizienz deutlich, was für eine Änderung des Abtragmechanismus spricht [FING17, S.86], [FING15, S.224]. Für die weiteren Untersuchungen wird daher eine Pulsdauer von 2 ps verwendet.

5.3.2 Abtragregime bei 2 ps Pulsdauer

Im nächsten Schritt wird die Abtragtiefe erneut für verschiedene Prozessparameter als Funktion der Fluenz betrachtet (Bild 23). Als Referenz dient der Verlauf der Abtragtiefe für 100 fs aus Bild 17, der hier in grau dargestellt ist. Bei sonst identischem Versuchssetup wird die Abtragtiefe für eine Pulsdauer von 2 ps mit dem Libra und dem Amphos bestimmt. Außerdem wird der Einfluss von koaxial zugeführtem Prozessgas (Druckluft, 5 bar) auf die Abtragtiefe untersucht, da bei späteren Experimenten mit höherer mittlerer Leistung die Nutzung von Prozessgas zum Schutz der Optiken notwendig wird. Um trotz der geringeren Pulsenergie bei der Laserstrahlquelle von Amphos einen möglichst großen Fluenzbereich abzudecken, werden die Versuche mit Prozessgas mit drei verschiedenen Strahldurchmessern durchgeführt.

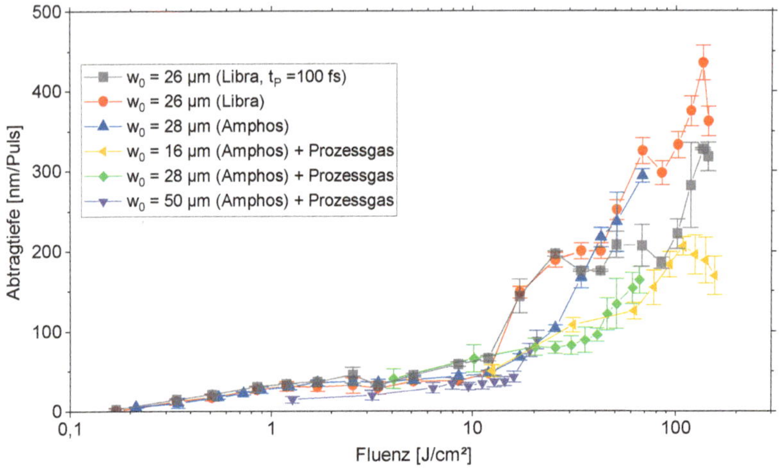

Bild 23: Abtragtiefe pro Puls als Funktion der Fluenz für Edelstahl bei einer Pulsdauer von 2 ps (inklusive Referenzverlauf mit t_P= 100 fs) mit und ohne koaxialem Prozessgas. Libra: λ= 800 nm, f= 5 Hz, N_{Pulse}= 50&100. Amphos: λ= 1030 nm, f= 1000 Hz

Der Verlauf der Abtragtiefe bei einer Pulsdauer von 2 ps ist vergleichbar zum Referenzgraph mit einer Pulsdauer von 100 fs. Allerdings wird bei 2 ps kein Plateau in Region III beobachtet, da durch die längere Pulsdauer die Schwellintensität für den Luftdurchbruch erst bei höheren Fluenzen erreicht wird. Auf Grundlage der Messungen der Abhängigkeit der Pulsdauer auf den Luftdurchbruch von Breitling und den Beobachtungen aus dem vorherigen Abschnitt kann für den Beginn des Plateaus bei einer Pulsdauer von 2 ps eine Fluenz von 100 J/cm² abgeschätzt werden [BREI10, S.93]. Die Verringerung der Abtragtiefe bei den höchsten betrachteten Fluenzen mit dem Libra und der Graph für w_0= 16 µm mit Prozessgas legen eine Bestätigung dieser Abschätzung nahe. Die Schwellfluenz und Eindringtiefe für die niedrigen Fluenzen in Region I sind wieder vergleichbar mit denen für 100 fs und mit anderen Veröffentlichungen.

Mit der Laserstrahlquelle von Amphos wird wie zu erwarten bei einem ähnlichen Fokusdurchmesser ein fast identischer Verlauf beobachtet. Der einzige Unterschied ist in dem Bereich im Übergang von Region II zu Region III zu erkennen, in dem der starke Anstieg der Abtragtiefe beobachtet wird. Ein möglicher Grund für die lokale Abweichung kann die unterschiedliche Kaustik der beiden Laserstrahlquellen sein. Danach übereinstimmen beide Verläufe wieder.

Die Experimente zum Einfluss eines koaxialen Prozessgasstroms auf die Abtragtiefe sind mehr auf die höheren Fluenzen ausgerichtet und werden für drei verschiedene Fokusdurchmesser betrachtet. In Region I wird ein ähnlicher Verlauf beobachtet, während ab Region II teilweise deutlich geringere Abtragtiefen gemessen werden. Für die höchsten betrachteten

Fluenzen werden nur ungefähr 50% der Abtragtiefe im Vergleich zu den Versuchen ohne Prozessgas erreicht. Das Prozessgas hat daher vor allem einen Einfluss auf den schmelzdominierten Abtrag und drückt einen Teil der Abtragprodukte wieder in die Bohrung zurück. Durch den höheren stationären Druck (ca. 2 bar) über der Materialoberfläche bei Nutzung von Prozessgas treten außerdem die *Conical Emissions* stärker auf [BREI10, S.99]. Mit der Druckerhöhung steigt auch die Dichte, womit proportional mehr Atome mit dem Laserpuls nichtlinear wechselwirken können. Dies resultiert in einem größeren Streuanteil, welcher dann zu einer geringeren Abtragtiefe führt, ohne jedoch das Abtragvolumen zu verändern [DAUS03, S.80]. Auch in diesen Experimenten wird beobachtet, dass größere Spotdurchmesser zu einem geringeren Abtrag pro Puls neigen (siehe auch Bild 17).

5.3.3 Spezifisches Abtragvolumen bei 2 ps Pulsdauer

Der Einfluss des Prozessgases auf das Abtragvolumen fällt deutlich geringer aus. Bei Nutzung von Prozessgas verringert sich das Abtragvolumen pro Puls um nur 25%. In Bild 24 wird das spezifische Abtragvolumen über die Fluenz gezeigt, um die Abtragvolumen bei unterschiedlichen Fokusdurchmesser besser vergleichbar zu machen. Im Graph sind die Experimente sowohl mit 100 fs als auch 2 ps Pulsdauer mit und ohne Prozessgas dargestellt. Das spezifische Abtragvolumen kann zudem als Messwert für die Abtrageffizienz verwendet werden. Wie aus der Literatur bekannt (i.e. [LAUE14, S.966], [NEUE15], [FING17, S.60]), wird bei einer Fluenz von ca. 1 J/cm² das Effizienzmaximum des Abtrags erreicht. Anschließend sinkt die Abtrageffizienz um ungefähr eine Größenordnung bei Erhöhung der Fluenz auf ~200 J/cm². Die Experimente ohne Nutzung von Prozessgas haben in dem Bereich von ca. 20-40 J/cm² eine konstante Abtrageffizienz, welcher dem Übergang zu Region III entspricht. Da dies der einzige Bereich mit einem sich ändernden Verlauf der Abtrageffizienz

Bild 24: Spezifische Volumenabtragrate von Edelstahl als Funktion der Fluenz für 100 fs und 2 ps und verschiedene Spotdurchmesser. Libra: λ= 800 nm f= 5 Hz Amphos: λ= 1030 nm f= 1000 Hz

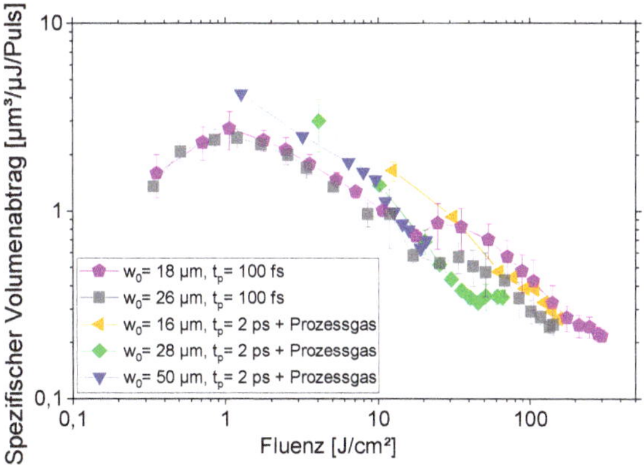

ist, liegt hier auch der einzige Wechsel des Abtragmechanismus vor. Wie schon zuvor erwähnt, ist die Reduzierung des Abtragvolumen durch die Nutzung von Prozessgas deutlich geringer als bei Betrachtung der Abtragtiefe.

5.4 Zusammenfassung

In diesem Kapitel wird die Abtragrate von Edelstahl bei Bestrahlung mittels ultrakurzen Laserpulsen von der Schwellfluenz von ~0,1 J/cm² bis zu 300 J/cm² untersucht. Der Einfluss weiterer Parameter auf die Abtragrate wie Pulsdauer, Spotgröße und die Anzahl der Pulse wird dabei detailliert untersucht und die beobachteten Phänomene werden auf die grundlegenden physikalischen Effekte zurückgeführt. Die Haupterkenntnisse werden in der Skizze in Bild 25 und hier in Form von Stichpunkten zusammengefasst:

- Für kleine Fluenzen unter 2 J/cm² (Region I) kann die logarithmische Abhängigkeit der Abtragtiefe von der Fluenz bestätigt werden. Die Schwellfluenz und die (optische) Eindringtiefe stimmt mit den Werten aus anderen Veröffentlichungen überein.
- Mit dem Beginn von Region II und damit auch des 2. Regimes weicht der Graph jedoch von dem erwarteten Verlauf ab. Statt eines weiteren logarithmischen Verlaufs der Abtragtiefe mit einer im Vergleich zum 1. Regime erhöhten Eindringtiefe bleibt die Steigung bis ~12 J/cm² ähnlich wie im 1. Regime. Grund dafür die Entstehung einer Schmelzschicht im Zentrum, die die Form der Vertiefung verändert und anfangs nicht ausgetrieben wird.
- Ausgehend von einer Gauß-förmigen Strahlverteilung führt eine lokale Fluenz von 2.6 – 3.4 J/cm² zur Bildung einer Schmelzschicht. Die Schmelzschichtdicke erhöht sich mit steigender Fluenz.
- Im Fluenzbereich zwischen 12 – 20 J/cm² findet der Übergang zum schmelzunterstützten Abtrag statt und dominiert den Abtragprozess bei höheren Fluenzen. Dies kann an mehreren Effekten festgemacht werden. Die Oberfläche der Vertiefung ist vollständig mit Schmelze bedeckt und ein Schmelzrand umgibt die Vertiefung. Dies deutet darauf hin, dass die Schmelze ausgetrieben wird. Auch die Betrachtung der Abtrageffizienz und der Volumenverhältnisse zeigen, dass sich hier der dominierende Abtragmechanismus verändert.
- Das Plateau in der Abtragtiefe zwischen 20 – 100 J/cm² für eine Pulsdauer von 100 fs markiert den Beginn des Auftretens eines Luftdurchbruchs und damit auch der *Conical Emissions,* siehe auch Bild 17. Die Intensität und damit Spitzenfluenz auf der Materialoberfläche und damit die Abtragtiefe bleibt in diesem Bereich konstant, was auch als *intensity clamping* bezeichnet wird und ein Teil der Laserstrahlung wird über die *Conical Emissions* auf eine im Vergleich zur Fokusfläche vielfach größere Fläche gestreut.
- Für die Betrachtung der Abtragrate pro Puls bei hohen Fluenzen scheint das Abtragvolumen als Messgröße Vorteile zu haben, da hier im Gegensatz zur Abtragtiefe pro Puls keine großen Schwankungen der Messwerte durch Schmelzbildung oder nichtlineare Effekte beobachtet werden.

- Die aufgeführten Ergebnisse werden für Pulsdauern bis 2 ps bestätigt. Die Auswirkungen der *Conical Emissions* verschieben sich aufgrund der Abhängigkeit von der Intensität zu größeren Fluenzen hin. Bei 2 ps wird ein Einsetzen von *Conical Emissions* bei Fluenzen ab 100 J/cm² abgeschätzt.
- Der Einsatz von koaxialem Prozessgas führt zu einer Verringerung der Abtragtiefe um ca. 50%. Durch den erhöhten Druck und somit Dichte oberhalb der Materialoberfläche sind die Streuvorgänge in Form von *Conical Emissions* stärker ausgeprägt, welches zu einer stärkeren Umverteilung der Pulsenergie aus dem Zentrum herausführt. Die Verringerung des Abtragvolumens ist mit ca. 25% deutlich geringer im Vergleich zur Abtragtiefe.
- Ab dem Beginn der Region II hat die Spotgröße einen Einfluss auf die Abtragtiefe pro Puls. Auch bei einem Aspektverhältnis von deutlich unter 1 scheint die Bohrungsform und -größe die Schmelzentstehung und Bewegung zu beeinflussen. Interessanterweise wird mit einem geringeren Spotdurchmesser eine höhere Abtragtiefe pro Puls erreicht.

Bild 25: Schematische Darstellung der Abtragtiefe pro Puls als Funktion der Fluenz mit Einordnung der beobachteten Effekte
*F_{CE} ist eine Funktion der Pulsdauer

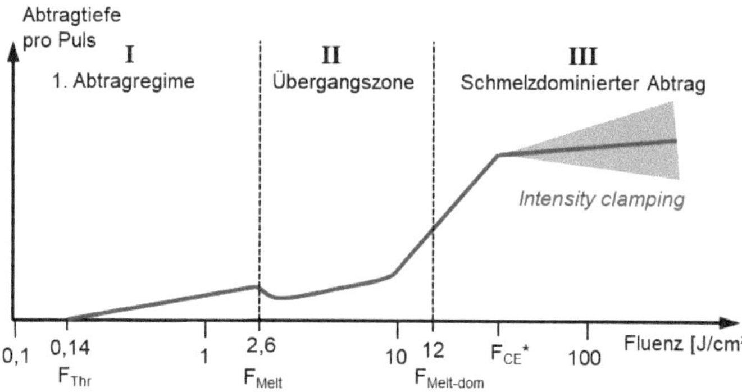

5.5 Schlussfolgerung für das UKP-Bohren

Für die Entwicklung eines UKP-Tiefbohrverfahrens können auf der Grundlage der hier vorgestellten Ergebnisse bereits eine Reihe von Schlussfolgerungen gezogen werden. Diese werden nun zusammengefasst:

- Selbst beim Abtrag mittels ultrakurzen Laserpulsen mit Pulsdauern von t_p= 100 fs wird ab Fluenzen von 2,5 J/cm² bei Edelstahl eine deutliche Schmelzphase erzeugt. Dies ist bei anderen Metallen vermutlich ähnlich. Da beim Bohren noch deutlich höhere Fluenzen nötig sind, ist die Erzeugung einer Schmelzphase im Bohrprozess unausweichlich.
- Eine Pulsdauer von wenigen Pikosekunden ist für einen Tiefbohrprozess am geeignetsten.

- Bei 2 ps wird noch ein vergleichbarer Abtrag wie bei deutlich kürzeren Pulsdauern im Femtosekundenbereich gemessen. Für längere Pulsdauern sinkt dann die Abtrageffizienz.
- Die Entstehung von nichtlinearen Effekten wie *Conical Emissions* verschiebt sich im Vergleich zu Pulsdauern im Femtosekundenbereich hin zu höheren Fluenzen.
- Für die gewählte Pulsdauer von 2 ps werden ab 100 J/cm² Auswirkungen auf den Materialabtrag durch *Conical Emissions* beobachtet. Eine weitere Erhöhung der Fluenz erhöht nicht mehr die Abtragtiefe, sondern führt zu einer Aufweitung der Bohrung durch Streustrahlung. Der Nutzen von Fluenzen oberhalb von 100 J/cm² muss daher untersucht werden, da auch der spezifische Volumenabtrag immer weiter sinkt.

* Die Nutzung von koaxialem Prozessgas zum Schutz der Optik führt zu einer Verringerung des Abtragvolumens um ca. 25%, ändert aber nicht das grundlegende Abtragverhalten. Koaxiales Prozessgas kann daher verwendet werden.

6 Auswirkungen von Wärmeakkumulation[7]

In diesem Kapitel wird untersucht, welche Prozessparameter zum Einsetzen von Wärmeakkumulation führen und welche Erhöhung der Abtragrate durch Wärmeakkumulation möglich ist (Forschungsfrage 1 b)). Als Messwert für die Ausprägung der Wärmeakkumulation wird die Steigerung der Abtragrate verwendet. Die Arbeitspakete in diesem Kapitel werden in Bild 26 in die Struktur der Arbeit eingeordnet und bilden die Verbindung zwischen den Untersuchungen bei wenigen Pulsen und den verschiedenen Bohrverfahren. Die Abtragrate wird bei der Verwendung weniger Pulse über die Abtragtiefe und das Abtragvolumen pro Puls bestimmt. Bei Nutzung vieler Pulse wird dafür die Durchbohrzeit verwendet. Zu Beginn wird an die Versuche zur Abtragrate bei wenigen Pulsen aus dem vorherigen Kapitel angeknüpft und überprüft, ab wann Wärmeakkumulation bereits bei wenigen Pulsen sichtbar wird. Anschließend werden die maximalen Auswirkungen der Wärmeakkumulation auf die Abtragrate und weitere auftretende Effekte bei Nutzung vieler Pulsen untersucht. Hier werden zwei Varianten betrachtet. Im ersten Fall werden sämtliche Pulse an der gleichen Stelle deponiert. Im zweiten Fall wird durch eine Strahlablenkung die Anzahl Pulse pro Stelle (Pulsüberlapp) konstant gehalten und die Skalierbarkeit der erhöhten Abtragrate durch Wärmeakkumulation bei einem flächigen Abtrag untersucht. Alle im Folgenden dargestellten Experimente werden mit der Laserstrahlquelle von Amphos bei Verwendung von koaxialem Prozessgas durchgeführt.

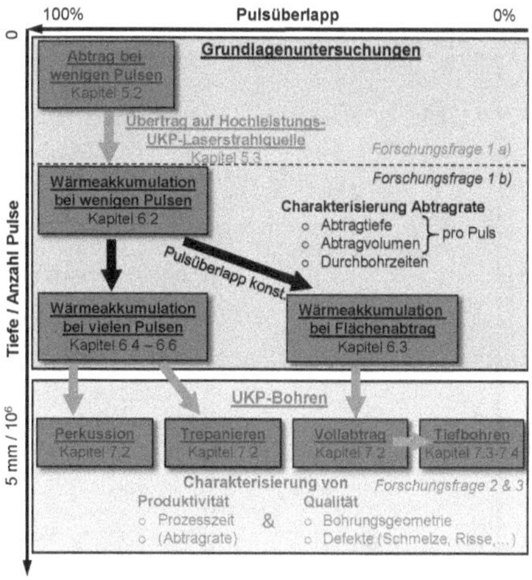

Bild 26: Einordnung der Untersuchungen und Auswertungen zur Wärmeakkumulation in diesem Kapitel in die Struktur der Arbeit

[7] Die Ergebnisse in diesem Kapitel basieren zum Teil auf den Veröffentlichungen [HAAS19a] und [HAAS19b].

6.1 Vorgehen

Das Vorgehen in diesem Kapitel orientiert sich an den drei Arbeitspunkten, die in der Einleitung in Bild 26 dargestellt werden. Bild 27 gibt einen detaillierten Überblick über die Versuche, die zur Bestimmung der Auswirkungen der Wärmeakkumulation auf die Abtragrate durchgeführt werden. Begonnen wird mit der Untersuchung des Auftretens von Wärmeakkumulation bei wenigen Pulsen. Hier werden in Abschnitt 6.2 die Untersuchungen aus dem vorherigen Kapitel aufgegriffen und die Repetitionsrate bestimmt, aber der Wärmeakkumulation auftritt. Außerdem wird hier auch der Einfluss der Fluenz, der Anzahl verwendeter Pulse und der Art der Zuführung des Prozessgases untersucht. Denn die Ausrichtung der Prozessgasdüse hat ebenfalls einen Einfluss auf die Abtragrate, wie im vorherigen Kapitel gezeigt wurde. Die Auswertung der Abtragrate findet hier über die Abtragtiefe pro Puls und das Abtragvolumen pro Puls statt.

Die beobachtete Erhöhung der Abtragrate pro Puls durch Wärmeakkumulation schon bei einigen 10 Pulsen in Abschnitt 6.2 wirft die Frage auf, ob dieser Effekt auf den Abtrag größerer Flächen skaliert werden kann. Die Anzahl der Pulse, die deponiert werden, werden dafür als Maß für den Pulsüberlapp bei der Strahlablenkung gesehen und bilden den Startpunkt bei der Betrachtung der Skalierbarkeit. Schrittweise wird in Abschnitt 6.3 dann zuerst die Scanfläche und anschließend die Anzahl der Scanwiederholungen erhöht und der Einfluss der Skalierung über die Betrachtung des Abtragvolumens pro Puls beurteilt. Diese Versuche werden teilweise für mehrere Pulsüberlappe durchgeführt. In Abschnitt 6.4 wird die Anzahl der Pulse pro Stelle dann weiter erhöht, bis ein Durchbohren der Proben erreicht wird. Dies ermöglicht Untersuchungen zur maximalen Ausprägung der Wärmeakkumulation, indem Pulsanzahlen von 10k - 40m Pulsen verwendet werden. Durch das größere

Bild 27:
Ziel und Vorgehensweise für die Untersuchungen zur Wärmeakkumulation in diesem Kapitel

Ziel:
Bestimmung **Start** und **maximale Ausprägung** von **Wärmeakkumulation**

Vorgehen:
Bestimmung Wärmeakkumulation bei...

Kapitel 6.2	Kapitel 6.3	Kapitel 6.4
...wenigen Pulsen	**...wenigen Pulsen und Flächenabtrag**	**...vielen Pulsen**
Einfluss von - Fluenz - Repetitionsrate - Anzahl Pulse - Crossjet vs. koaxiales Prozessgas	*Einfluss von* - Pulsüberlapp - Scanfläche - Scan-Wiederholungen	*Einfluss von* - Material - Pulsenergie - Repetitionsrate - Pulsdauer - Materialdicke - Bohrtiefe (Kapitel 6.5)
Auswertung von - Abtragtiefe pro Puls - Abtragvolumen pro Puls	Auswertung von - Abtragvolumen pro Puls	Auswertung von - Durchbohrzeit - Abtragtiefe pro Puls

Aspektverhältnis von >>1 bei diesen Versuchen wird die Auswertung des Abtragvolumens sehr herausfordernd, da durch die Bohrtiefe die Messung erschwert wird und eine zeitliche Änderung des Abtragvolumens pro Puls auftritt. Daher wird für diese Experimente die Durchbohrzeit als gemitteltes Maß für die Abtragrate verwendet. Im ersten Teil werden umfangreiche Untersuchungen zum Einfluss der Parameter Material, Pulsenergie, Repetitionsrate, Pulsdauer und Materialdicke auf die Durchbohrzeit durchgeführt. Im Anschluss wird in Abschnitt 6.5 für ausgewählte Prozessparameter die lokale Abtragtiefe pro Puls in Abhängigkeit der Bohrungstiefe abgeschätzt, um neben der mittleren Abtragtiefe über die Durchbohrzeit auch eine ortsaufgelöste lokale Angabe der Abtragtiefe zu erhalten.

6.2 Wärmeakkumulation bei wenigen Pulsen

Die Abtragtiefe und das Abtragvolumen pro Puls für 100 Pulse werden als Funktion der Fluenz für verschiedene Repetitionsraten in Bild 28 und Bild 29 gezeigt. Bis zu einer Repetitionsrate von 10 kHz wird über den betrachteten Fluenzbereich keine Erhöhung der Abtragrate festgestellt. Die für die vorherigen Versuche verwendete Repetitionsrate von maximal 1 kHz war daher klein genug gewählt, um die Messwerte nicht durch Wärmeakkumulation zu beeinflussen. Für 30 kHz wird das erste Mal eine Erhöhung der Abtragrate durch Wärmeakkumulation bei Fluenzen oberhalb von 20 J/cm² erkannt. Wird die Repetitionsrate weiter auf bis zu 400 kHz erhöht, ist ein extremer Anstieg der Abtragrate sichtbar, obwohl nur 100 Pulse abgegeben werden. Die Abtragtiefe erhöht sich dann um ungefähr Faktor 5, während das Abtragvolumen sogar eine Erhöhung um den Faktor 10 zeigt. In diesem Fall ist eine Erhöhung der Abtragrate schon bei einer Fluenz von unter 10 J/cm² erkennbar. Der Grenzwert, ab dem eine Erhöhung des Abtrags durch Wärmeakkumulation stattfindet, wird primär über die eingebrachte mittlere Leistung bestimmt. Dies wird auch in Abschnitt 6.4 im Detail untersucht und bestätigt. Dieser Grenzwert ist in diesem Set an Experimenten ungefähr 5 W. Beim Vergleich beider Graphen kann erneut bestätigt werden, dass das Abtragvolumen besser zur Beschreibung des Abtrags bei der Anwesenheit eines schmelzunterstützten Abtragprozesses geeignet ist. Denn der ungleichmäßige Verlauf der Abtragtiefe bei höherer Fluenz tritt beim Abtragvolumen nicht auf.

Neben der Repetitionsrate hat auch die Anzahl der verwendeten Pulse einen Einfluss auf die Ausprägung der Abtragerhöhung durch Wärmeakkumulation, da die Wärmeakkumulation mit einer steigenden Anzahl an Pulsen zunimmt. Dieser Einfluss ist in den Graphen in Bild 30 und Bild 31 dargestellt, der die Abtragrate pro Puls in Abhängigkeit der Anzahl Pulse für verschiedene Repetitionsraten zeigt. Bei der Deposition von weniger als 15 Pulsen sind hohe Schwankungen in der Abtragtiefe sichtbar, die durch den Inkubations-Effekt und der Veränderung der Oberflächenstruktur bedingt sind. Auch im Abtragvolumen ist dies zu erkennen, da während der ersten Pulse der Abtrag geringer ist. Der Verlauf bestätigt außerdem die in Abschnitt 5.1 genannte Randbedingung, dass mindestens 20 Pulse verwendet werden sollten, um reproduzierbare Ergebnisse zu erhalten. Bei diesen Untersuchungen kann ab einer Zahl von 15 Pulsen ein konstanter Abtrag pro Puls für geringe Repetitionsraten beobachtet werden. Bei beiden Graphen kann für Repetitionsraten von 200 kHz und 400 kHz bereits bei 10 Pulsen eine Erhöhung der Abtragrate beobachtet werden, die dann in erster Näherung linear für weitere Pulse ansteigt.

Bild 28:
Abtragtiefe pro Puls als Funktion der Fluenz für verschiedene Repetitionsraten
N_{Pulse}= 100
w_0= 28 µm
t_p= 2 ps

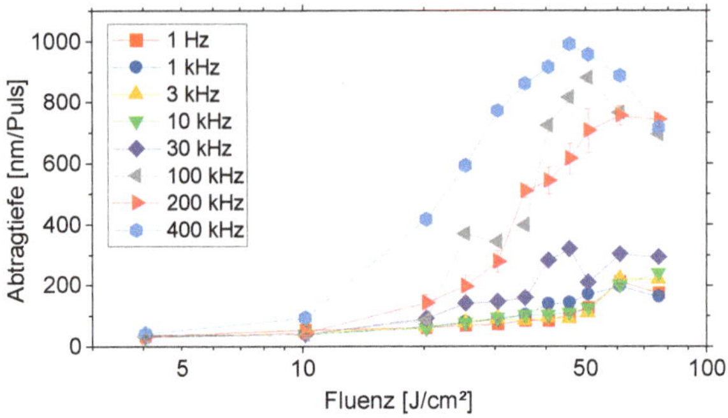

Bild 29:
Abtragvolumen pro Puls als Funktion der Fluenz für verschiedene Repetitionsraten
N_{Pulse}= 100
w_0= 28 µm
t_p= 2 ps

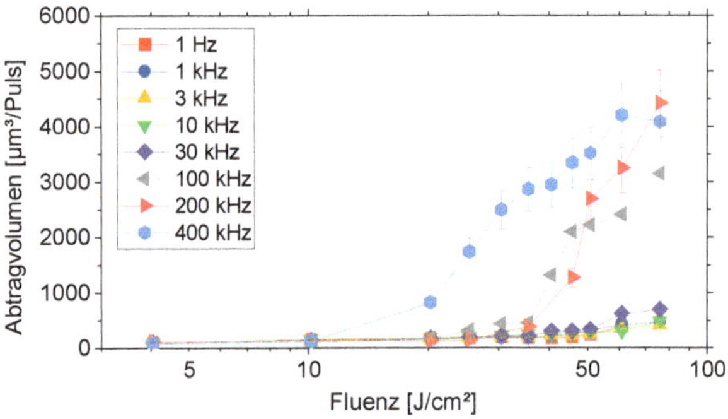

Interessanterweise ist in Bild 30 die Abtragtiefe pro Puls bei 200 kHz größer als bei 400 kHz, obwohl das Abtragvolumen in Bild 31 wie zu erwarten bei 400 kHz höher ist. Während bei 200 kHz die Vertiefung noch spitzer zuläuft und dadurch größere maximale Tiefen erreicht, führt die stärkere Wärmeakkumulation bei 400 kHz zur Ausbildung eines wannenförmigen Abtragvolumens. Die entstehende Schmelze ebnet die Vertiefung ein. Die Messungen zeigen erneut, dass signifikante Wärmeakkumulation und Schmelzerzeugung bei hohen Repetitionsraten und hohen Fluenzen bereits nach wenigen Pulsen entstehen und auch einen deutlichen Einfluss auf die Form der erzeugten Vertiefung haben.

Bild 30:
Abtragtiefe pro Puls in Abhängigkeit der Anzahl Pulse für verschiedene Repetitionsraten
F= 76,3 J/cm²
w_0= 28 µm
t_p= 2 ps

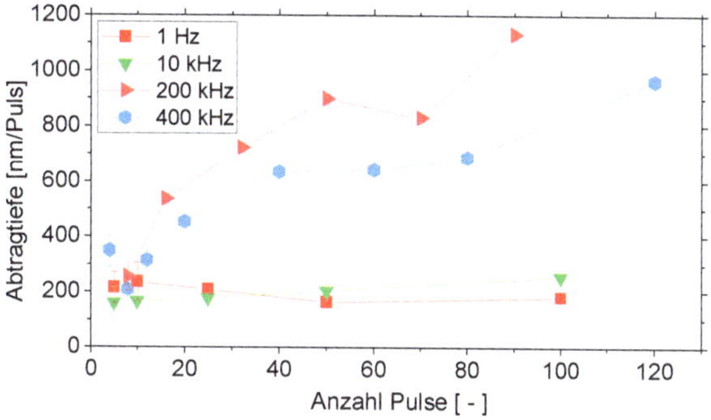

Bild 31:
Abtragvolumen pro Puls in Abhängigkeit der Anzahl Pulse für verschiedene Repetitionsraten
F= 76,3 J/cm²
w_0= 28 µm
t_p= 2 ps

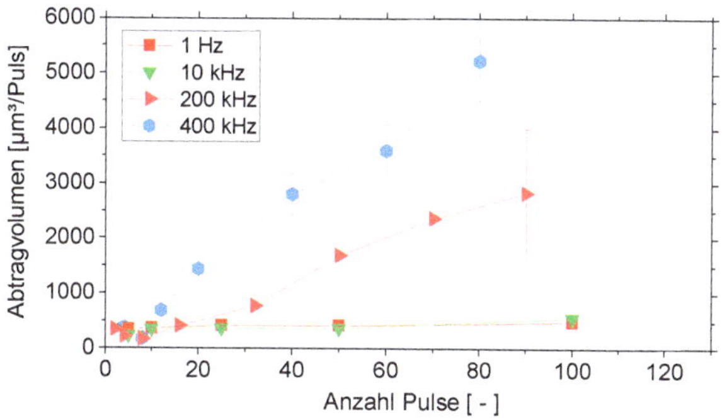

Wie die Abtragrate vom Einsatz von Prozessgas bei größeren Repetitionsraten beeinflusst wird, wird nun im Folgenden abgeschätzt. Dafür wird die Abtragrate beim Einsatz von koaxialem Prozessgas mit einem Crossjet verglichen. Zusätzlich wird auch der Durchmesser der abgetragenen Vertiefung für beide Fälle bestimmt. Als Referenz ist zudem der theoretische Abtragdurchmesser in Strichpunkten angegeben. Die Ergebnisse der Experimente sind für eine Repetitionsrate von 200 kHz als Funktion der Fluenz in Bild 32 und Bild 33 dargestellt. Wie in Bild 32 erkannt wird, ist die Abtragtiefe bei Nutzung eines Crossjets über den betrachteten Fluenzbereich durchgehend höher und ist bei hohen Fluenzen knapp 50% über dem Wert von der koaxialen Düse. Damit wird bei Verwendung eines Crossjets die Verringerung in der Abtragtiefe pro Puls durch den Einsatz von Prozessgas, wie in Unterabschnitt 5.3.2 beschrieben, auf die Hälfte reduziert. Trotz der höheren Abtragtiefe bleibt der Durchmesser der Vertiefung jedoch im Mittel einige Mikrometer unterhalb des Durchmessers bei Verwendung der koaxialen Düse.

Bild 32:
Maximale Abtragtiefe pro Puls und Bohrlochdurchmesser als Funktion der Fluenz für Prozessgaszufuhr koaxial über eine Düse und einen Crossjet
w_0= 16 µm
t_p= 2 ps
f= 200 kHz
N_{Pulse}= 50

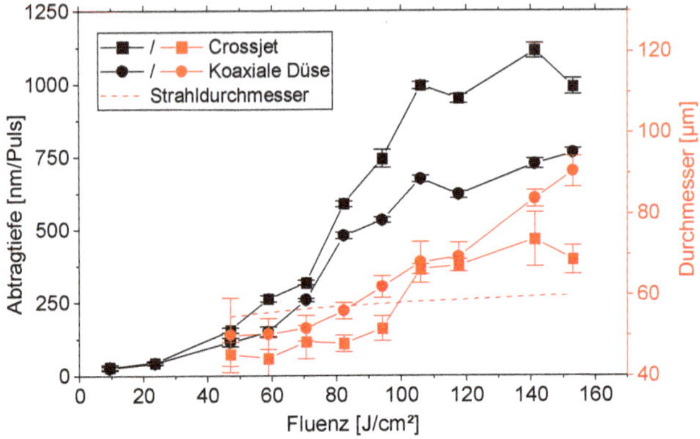

Bild 33:
Abtragvolumen pro Puls als Funktion der Fluenz für Prozessgaszufuhr koaxial über eine Düse und einen Crossjet
w_0= 16 µm
t_p= 2 ps
f= 200 kHz
N_{Pulse}= 50

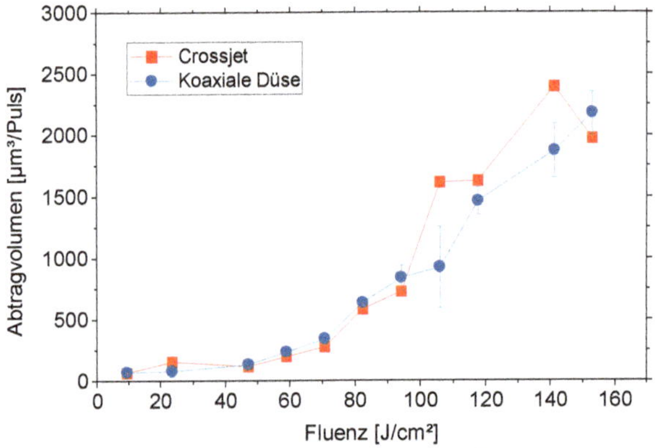

Bei Fluenzen unterhalb 100 J/cm² bleibt der Abtragdurchmesser unter dem theoretischen Wert, da die Schmelzablagerung im Randbereich größer sind als die Abtragrate in der Nähe der Schwellfluenz. Für höhere Fluenzen dreht sich das Verhältnis allerdings, hier werden größere Abtragdurchmesser als der theoretische Abtragdurchmesser erreicht. Dieses Verhalten resultiert aus dem Auftreten der *Conical Emissions* ab 100 J/cm², die zu einer Streuung der Laserstrahlung führen und so den Abtragdurchmesser erhöhen. Bei den höchsten Fluenzen kommt es zu Abtragdurchmessern von 90 µm bei Nutzung der koaxialen Düse im Vergleich zu ca. 70 µm beim Crossjet. Durch die koaxiale Düse entsteht oberhalb der Vertiefung eine Druckglocke mit einem erhöhten statischen Druck von ca. 2 bar. Dies führt, wie schon in Unterabschnitt 5.3.2 erläutert, aufgrund der höheren Dichte der Atmosphäre zu einer stärkeren Ausprägung der *Conical Emissions* und somit zu einer stärkeren Streuung der Laserstrahlung.

Trotz gleichen Abtragdurchmesser und deutlich größeren Abtragtiefen pro Puls bei hohen Fluenzen > 100 J/cm² wird bei Nutzung des Crossjets kein größerer Volumenabtrag pro Puls erreicht, wie in Bild 33 gezeigt wird. Der Volumenabtrag für beide Prozessgas-Varianten bleibt im Rahmen der Fehler bis zu einer Fluenz von 100 J/cm² so gut wie identisch. Nur oberhalb dieser Fluenz zeigt sich lokal für den Crossjet ein 10 - 20% größeres Abtragvolumen, wobei die Abtragtiefe im Vergleich um bis zu 50% höher ist. Dies kann erneut mit den *Conical Emissions* erklärt werden, die durch die Streuvorgänge nur zu einer Umverteilung der Laserstrahlung führen und somit trotz geringerer maximaler Tiefe einen ähnlichem Volumenabtrag erzeugen. Dieses Verhalten wird durch die Interaktion der Laserstrahlung mit den Ablationsprodukten verstärkt. Bei Verwendung einer koaxialen Düse entsteht durch die Umlenkung des Prozessgases direkt über der Bearbeitungszone ein Staupunkt mit deutlich verringerten Strömungsgeschwindigkeiten. Ein Teil der Ablationspartikel verbleibt dann bis zum Auftreffen des nächsten Pulses in dieser Druckglocke. Dort wird die Laserstrahlung dann an den Ablationspartikeln gestreut und führt ebenfalls zu einer Umverteilung der Pulsenergie. Bei Verwendung eines Crossjet dagegen werden die Ablationspartikel deutlich schneller von der Bearbeitungszone wegtransportiert und die zuvor beschriebene Interaktion findet nicht statt. Allerdings ist anzumerken, dass ein Crossjet nur bei einer oberflächennahen Bearbeitung den Vorteil einer besseren Materialabfuhr bringt. Bei Bohrungen strömt das Prozessgas hauptsächlich über das Bohrloch hinweg und kann die entstehende Ablationswolke innerhalb der Bohrung nicht abführen.

6.3 Wärmeakkumulation bei wenigen Pulsen und Flächenabtrag

Die Untersuchungen zu den Auswirkungen von Wärmeakkumulation auf die Abtragrate wurden bisher mit unbewegter Laserstrahlung durchgeführt. Daher wird in diesem Abschnitt untersucht, inwieweit die Steigerung der Abtragrate bei wenigen Pulsen auf einen flächigen Abtragprozess skaliert werden kann.

Wie bereits in dem Graph in Bild 31 gezeigt wird, steigt mit der Anzahl der abgegebenen Pulse auch proportional das Abtragvolumen pro Puls. Damit würde bei einem flächigen Abtrag mit steigendem Pulsüberlapp der Abtrag pro Puls erhöht werden. In den folgenden Untersuchungen wird nun überprüft, inwieweit diese Abtragrate auch beim Abtragen einer größeren Fläche über eine Bewegung der Laserstrahlung und über mehrere Überfahrten mittels Spiralen (siehe Bild 14) erhalten bleibt. Dazu wird das Abtragvolumen pro Puls über die Anzahl der verwendeten Pulse und die maximale Abtragtiefe von einigen wenigen Pulsen bis zu 200.000 Pulsen in Bild 34 aufgetragen. Für alle Experimente wird ein konstanter Pulsüberlapp von 80 Pulsen pro Stelle verwendet. Der erste Messpunkt entspricht dem Abtragvolumen nach 80 Pulsen. Der Graph endet nach 10 Spiralüberfahrten und einer Gesamttiefe von knapp 2 mm. Trotz konstantem Pulsüberlapp steigt der Abtrag pro Puls weiter bei Einführung einer Relativbewegung. Das Abtragvolumen steigt im Vergleich zum Abtrag nach 80 Pulsen auf das 2,5-fache durch das Abfahren einer 200 µm langen Linie,

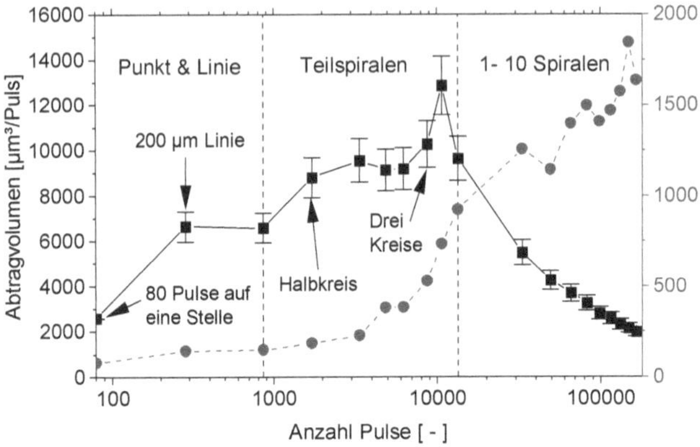

Bild 34: Abtragvolumen und maximale Abtragtiefe als Funktion der Anzahl der Pulse bei 80 Pulsen pro Stelle
E_P= 770 µJ
w_0= 28 µm
t_p= 2 ps
f= 200 kHz
$Ø_{außen}$= 800 µm
$Ø_{innen}$= 200 µm
pitch= 50 µm
v_{scan}= 140 mm/s

nach eine Kreisumfahrt nochmal das 1,5-fache und bis kurz vor der Erstellung einer kompletten Spirale erneut knapp um das 1,4-fache. Insgesamt steigt das Abtragvolumen von 80 Pulsen auf einer Stelle bis zum Abfahren einer kompletten Spirale dabei um den Faktor 4,5. Dies ist auf die Wärmeakkumulation zurückzuführen, da während der ersten Überfahrt mit steigender Prozesszeit mehr Schmelze erzeugt wird, die quer zur Bewegungsrichtung aus dem Abtraggraben geschoben wird. Dieser Effekt nimmt so lange zu, wie Material außerhalb der Scanstrecke und ohne Überwindung einer steilen Wand abgelagert werden kann. Denn die Schmelze kann nur wenige Mikrometer pro Pulse durch den beim Abtrag erzeugten Dampfdruck bewegt werden. Daher steigt der Abtrag bis zum Erreichen einer vollen Kreisumfahrt kontinuierlich. Für die zweite Kreisumfahrt treten zwei weitere Effekte auf, die gegen eine weitere Erhöhung der Abtragrate durch die Wärmeakkumulation arbeiten. Ein Teil der verdrängten Schmelze liegt nun im Bereich des Scanpfads vom zweiten Kreis, der ebenfalls abgetragen werden muss. Außerdem lagerte sich ein Teil der erzeugten Schmelze wieder in dem Graben der vorherigen Kreisumfahrt an und reduziert so das Abtragvolumen. Daher bleibt die Abtragrate für die ersten Kreisumfahrten ungefähr konstant. Bei weiteren Kreisumfahrten verringert sich jedoch der Kreisdurchmesser, sodass ab einem gewissen Punkt die Erwärmung an einer lokalen Stelle auch Auswirkungen auf die gegenüberliege Position auf der Kreisbahn hat und so der Abtrag wieder steigt. Im Spiralzentrum entwickelt sich so ein Wärmestau, welcher den starken Anstieg der Abtragtiefe zwischen drei Kreisen und einer fast vollendeten Spirale erklärt. Durch die Verdrängung eines Teils des aufgeschmolzenen Materials in die Bohrungsmitte muss diese Ansammlung zur Vollendung der Spirale noch zusätzlich mit abgetragen werden und verringert daher wieder das Abtragvolumen (Messpunkt: Eine Spirale). Für weitere Spiralumfahrten sinkt das Abtragvolumen wieder deutlich. Auch die Abtragtiefe spiegelt dies wider. Während nach der ersten Spirale bereits eine Abtragtiefe von knapp 1000 µm erreicht wird, steigert sich dieser Wert nach 10 Spiralen nur auf 1750 µm.

Die eben genannten Prozesse sind auch in den Laser-Scanning Mikroskop (LSM)-Aufnahmen in Bild 35 wiederzufinden. Hier wird die abgetragene Fläche für eine steigende Anzahl an Spiralüberfahrten für einen Pulsüberlapp von 20 Pulsen pro Stelle gezeigt, da hier die beschriebenen Effekte deutlicher erkannt werden. Bereits nach einer Überfahrt sind sowohl die Abtraggräben als auch die weggeschobene Schmelze erkennbar. Insbesondere im zentralen Bereich, wo die Wärmeakkumulation verstärkt auftritt, sind bereits deutlich Schmelzansammlungen zu erkennen, die zur Seite verschoben wurden. Die Scanstruktur verliert sich über weitere Überfahrten und aufgrund der Wärmeakkumulation wird mehr Schmelze gebildet, die sich am Bohrungsrand ansammelt.

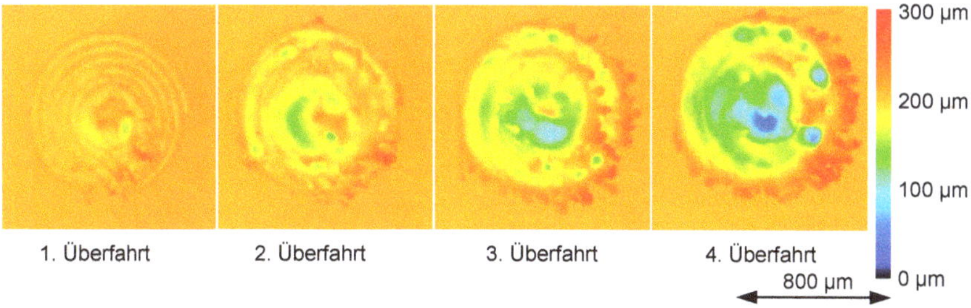

Bild 35: Laser-Scanning Mikroskop (LSM)-Aufnahmen der mittels Spiralüberfahrten abgetragenen Vertiefungen in Edelstahl. Die Tiefe ist mittels Falschfarben dargestellt, die Skalierung ist rechts daneben angegeben (E_p= 770 µJ, w_0= 28 µm, t_p= 2 ps, f= 200 kHz, $Ø_{außen}$= 800 µm, $Ø_{innen}$= 200 µm, pitch= 50 µm, Anzahl Pulse pro Stelle: 20)

Die Entwicklung des Abtragvolumens pro Puls für eine und mehrere Spiralen in Bild 34 zeigt ein interessantes Verhalten. Der starke Abfall des Abtragvolumens pro Puls nach der zweiten Spirale bedeutet, dass während der zweiten Spirale kaum Material abgetragen wurde. Auch für die weiteren Spiralen ist nicht genau erkennbar, wie groß das Abtragvolumen der jeweils letzten Überfahrt ist, da das Abtragvolumen pro Puls weiter sinkt. Daher wird in Bild 36 eine detailliertere Darstellung der Abtragvolumen für mehrere Spiralumläufe und verschiedene Pulsüberlappe für jeden Umlauf einzeln aufgezeigt. Diese Darstellungsweise führt zu großen Streuungen von Einzelwerten, daher ist ebenfalls ein Mittelwert über alle Pulsüberlappe eingetragen, um die allgemeine Tendenz zu verdeutlichen. Als Referenz sind für die 0. Überfahrt erneut die Abtragvolumen aus den Einzelpulsversuchen dargestellt. Insgesamt zeigt sich, dass eine weitere Erhöhung des Abtrags pro Puls durch den Abtrag einer größeren Fläche nur bei einem höheren Pulsüberlapp, der mindestens 40 Pulsen pro Stelle entspricht, auftritt. So extrem der Abtrag nach einer Überfahrt bei hohen Pulsüberlappen steigt, genauso stark fällt dieser nach Abfahrt einer zweiten Spirale wieder auf einen Abtrag vergleichbar mit den anderen Pulsüberlappen zurück. Bereits nach 3 Überfahrten wird bei allen Pulsüberlapp-Werten ein Volumenabtrag von 2000 µm³/Puls/Überfahrt bestimmt, der wieder in der Größenordnung des Einzelpulsabtrags von 80 Pulsen liegt. Für weitere Spiralumfahrten sinkt dieser Wert weiter, und beträgt bei 10 Überfahrten noch ca. 1000 µm³/Puls/Überfahrt.

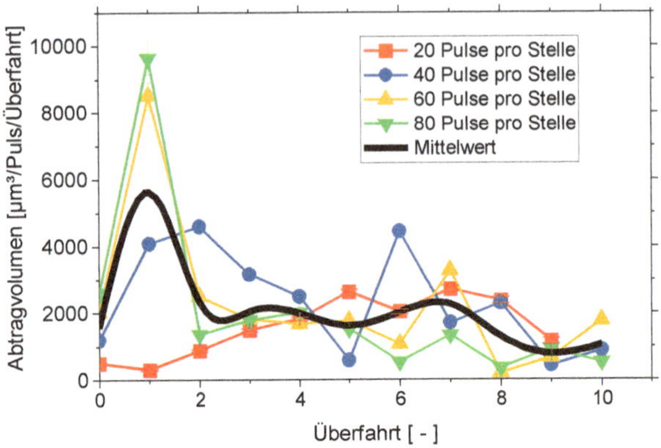

Bild 36: Abtragvolumen pro Puls für jede Überfahrt. Als Referenzwerte für Überfahrt 0 sind die Ergebnisse aus den Pulsen pro Stelle verwendet worden
E_p= 770 µJ
w_0= 28 µm
t_p= 2 ps
f= 200 kHz
$Ø_{außen}$= 800 µm
$Ø_{innen}$= 200 µm
pitch= 50 µm

6.4 Wärmeakkumulation bei vielen Pulsen: Perkussionsbohren

Wie im letzten Kapitel gezeigt wird, ermöglicht Wärmeakkumulation bereits bei wenigen Pulsen eine deutliche Erhöhung der Abtragrate. Durch eine steigende Anzahl an Pulsen erhöht sich auch der Abtrag pro Puls. Daher wird nun untersucht, wie weit eine Steigerung der Abtragrate pro Puls bei vielen Pulsen möglich ist. Dazu werden Perkussionsbohrungen in verschiedene Metalle und Materialdicken eingebracht. Die Verwendung mehrere Metalle mit unterschiedlichen Materialparameter ermöglicht außerdem eine Abschätzung der Auswirkungen dieser auf die Abtragrate. Da die Wärmeakkumulation schon bei wenigen Pulsen ab 5 W mittlerer Leistung zu einem thermischen dominierten Abtrag führt, werden in diesem Kapitel vor allem die Parametern Pulsenergie, Repetitionsrate und mittlere Leistung betrachtet und untersucht.

6.4.1 Einfluss Pulsenergie

In Bild 37 wird die Durchbohrzeit beim Perkussionsbohren von 2 mm dicken Proben als Funktion der mittleren Leistung und Pulsenergie für vier verschiedene Metalle gezeigt. Insbesondere im Bereich zwischen 50 und 150 W kann für alle Materialien eine starke Verringerung der Durchbohrzeit beobachtet werden. Alle Materialien zeigen bei Verdopplung der mittleren Leistung eine Verringerung der Durchbohrzeit um zwei Größenordnungen. Bei einer weiteren Erhöhung der mittleren Leistung verringert sich die Durchbohrzeit weiter, aber nicht so signifikant wie zuvor. Dieses Verhalten wird auch in anderen Studien beobachtet und auf die Auswirkungen von Wärmeakkumulation zurückgeführt [ANCO08, S.8965], [ANCO09, S.3305], [KONO18, S.67], [FING14, S.18794]. Dieser Effekt wurde dort allerdings nicht in dieser Ausprägung beobachtet. Der Grund für die Erhöhung der Abtragrate liegt zu einem großen Teil im Wechsel des Abtragmechanismus zu einem schmelzbasierten Prozess. Dieser ist ungefähr eine Größenordnung energieeffizienter

Bild 37: Durchbohrzeit beim Perkussionsbohren als Funktion der mittleren Leistung in 2 mm Materialdicke für verschiedene Metalle
w_0= 30 µm
t_p= 2 ps
f= 400 kHz

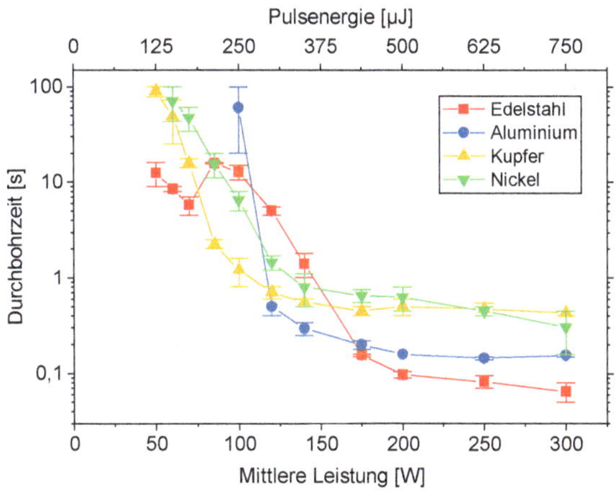

im Vergleich zum verdampfungsbasierten Abtrag. Bei allen betrachteten Materialien ist dieser Übergang im Bereich zwischen 150 – 200 W abgeschlossen. Die Reihenfolge der Durchbohrzeiten bei den unterschiedlichen Materialien in diesem Bereich kann dann primär durch die Materialparameter erklärt werden. Mit sinkender Wärmeleitfähigkeit sinkt die Durchbohrzeit. Bei Aluminium führt allerdings die deutlich geringere Dichte und spezifische Wärmekapazität im Vergleich zu den anderen Materialien zu einer schnelleren Durchbohrzeit. Für geringe und hohe mittlere Leistungen im Graph in Bild 37 weist Edelstahl die geringste Durchbohrzeit auf. Im Bereich dazwischen erhöht sich aber zeitweise die Durchbohrzeit für größere Pulsenergien, was bei keinem der anderen drei Materialien beobachtet wird.

Eine Erklärung für dieses Verhalten wird durch die Analyse der Bohrungslängsschliffe erhalten. In Bild 38 werden ausgewählte Längsschliffe der Bohrungen in Edelstahl und in Bild 39 für Aluminium dargestellt. Für geringe mittlere Leistungen (< 50 W), wird ein schmales Bohrloch (Ø20-100 µm) mit einer geringen Schmelzschichtdicke erzeugt. Für größere mittlere Leistungen (ab 70 W) weitet sich dann das Bohrloch auf und Kavitäten formen sich aus. Diese Kavitäten entstehen durch ein heißes partikelgezündetes Luftdurchbruchplasma, welches durch die Interaktion der Laserpulse mit den Ablationspartikeln in dem Blindloch gezündet wird [KONO01, S.248]. Durch diese Interaktion wird der Bohrgrund von der Laserstrahlung abgeschirmt, wodurch der Bohrfortschritt und damit die Durchbohrzeit verlangsamt wird. Die Bedingungen in der Bohrung wie ein erhöhter Druck und ein heißes und dichtes Partikelgas begünstigen die Zündung eines Plasmas. Das heiße Plasma schmilzt anschließend die umliegende Bohrungswand auf und weitet so die Bohrung auf. Dabei werden lokal Schmelzschichtdicken von bis zu 100 µm erzeugt. Bei der maximalen Ausprägung der Abschirmung (100 W) wird die Bohrung über fast die gesamte Bohrungstiefe auf einen Durchmesser von ~Ø200 µm aufgeweitet. Für noch höhere mittlere

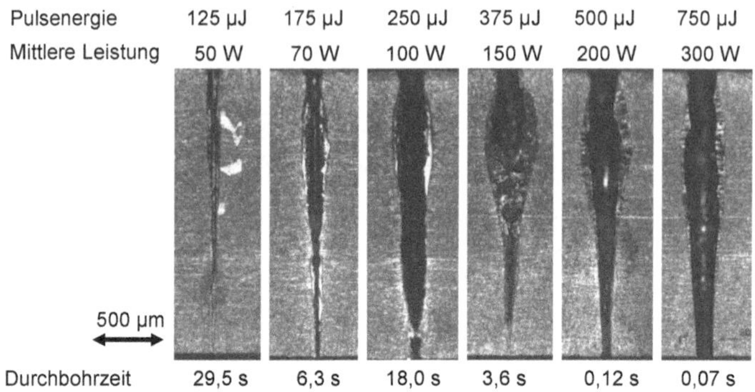

Bild 38: Ausgewählte Längsschliffe der Perkussionsbohrungen in Edelstahl w_0= 28 µm t_p= 2 ps f= 400 kHz

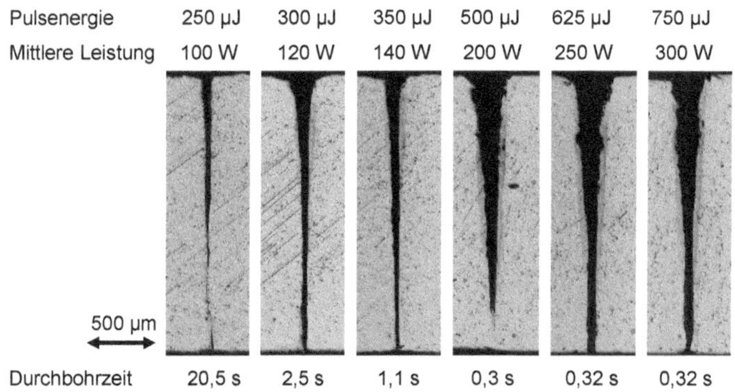

Bild 39: Ausgewählte Längsschliffe der Perkussionsbohrungen in Aluminium w_0= 28 µm t_p= 2 ps f= 400 kHz

Leistungen von 150 W wird eine Ausbildung von Kavitäten nur noch im oberen Bereich beobachtet. Für mittlere Leistungen >150 W wird dann die Erhöhung der Abtragrate durch Wärmeakkumulation wieder dominant gegenüber der Erhöhung der Prozesszeit durch Abschirmung der Laserstrahlung über die Plasmabildung. Die Position, in der die Abschirmung einen deutlichen Einfluss auf die Durchbohrzeit hat, ist zu einem gewissen Maß auch von der Kombination aus Pulsenergie und Repetitionsrate abhängig, mit der die mittlere Leistung eingestellt wird. Geringere Repetitionsraten verschiebt diesen Bereich zu höheren mittleren Leistungen.

Die Längsschliffe der Aluminiumproben sehen trotz Verwendung der gleichen Prozessparameter deutlich anders aus. Über den gesamten betrachteten Bereich werden keine Kavitäten erzeugt und die Bohrungen sind auch für die höchsten verwendeten mittleren Leistungen nur leicht aufgeweitet. Die Bohrungen, die mit einer Leistung von 100 W hergestellt wurde, ist kurz vor dem Bohrungsaustritt nach Prozessende wieder durch Schmelze verschlossen worden. Für steigende mittlere Leistungen weitet sich zuerst der Eingang und anschließend auch die gesamte Bohrung leicht auf. Bei der höchsten mittleren Leistung von 300 W kann über den größten Teil der Bohrungswand eine Schmelzschicht von ~50 µm Dicke gemessen werden. Dicke und Länge der Schmelzschicht verringert sich für kleinere mittlere Leistungen und sind im Vergleich zu Edelstahl insgesamt deutlich weniger stark ausgeprägt. Hier wird während des Bohrprozesses ebenfalls ein Gasdurchbruchplasma erzeugt. Durch die um den Faktor 15 höhere Wärmeleitfähigkeit von Aluminium wird die thermische Energie des Plasmas aber deutlich schneller durch das Material abgeleitet. Daher wird an der Bohrungswand weniger Material aufgeschmolzen wodurch die Bohrung weniger aufgeweitet wird und die Schmelzschichtdicken geringer bleiben.

Bestätigt wird diese Annahme durch weitere Versuche mit einem halb so großen Fokusdurchmesser in allen betrachteten Metallen, bei denen die Durchbohrzeit identisch bleibt [HAAS19a, S.6]. Die Pulsenergie wird nicht direkt über die Laserstrahlung in die Probe deponiert, sondern wird über das Plasma als „Zwischenwirt" in das Material gekoppelt. Daher ist die genaue Intensitätsverteilung für den Bohrprozess im gewissen Rahmen nicht relevant.

6.4.2 Einfluss Repetitionsrate

Im vorherigen Graph (Bild 37) wird der Verlauf der Durchbohrzeit bei deutlicher Wärmeakkumulation primär als Funktion der mittleren verwendeten Leistung dargestellt. Dass die mittlere Leistung der dominierende Einflussparameter bei der Beschreibung der Effekte der Wärmeakkumulation ist, wird in diesem Unterabschnitt bestätigt. Dafür wird in einer weiteren Versuchsreihe überprüft, ob die Kombination aus Pulsenergie und Repetitionsrate zur Einstellung der mittleren Leistung unerheblich für den Verlauf der Durchbohrzeit ist. In Bild 40 wird dafür wieder die Durchbohrzeit als Funktion der mittleren Leistung gezeigt, wobei diese auf zwei verschiedene Arten variiert wird. Zum einen durch Variation der Pulsenergie

Bild 40: Durchbohrzeit als Funktion der mittleren Leistung in 0,5 mm Edelstahl für unterschiedliche Pulsenergien und Repetitionsraten w_0= 30 µm t_p= 2 ps

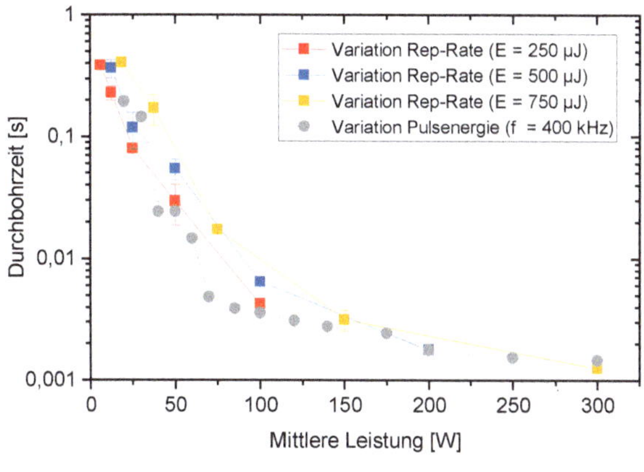

bei einer konstanten Repetitionsrate von 400 kHz (Kreise). Zum anderen durch Veränderung der Repetitionsrate zwischen 25 – 400 kHz (Quadrate) bei drei verschiedenen Pulsenergien (250 µJ, 500 µJ, 750 µJ). Um den Vergleich auch bei sehr geringen Leistungen bis zu 6,25 W durchführen zu können, werden die Versuche in Edelstahl mit 0,5 mm Materialdicke durchgeführt. Der Verlauf für alle gezeigten Graphen ist grundsätzlich gleich und zeigt erneut den bereits zuvor geschriebenen starken Abfall der Durchbohrzeit. Der gleiche Verlauf ist bis zu der niedrigsten verwendeten Leistung von 6,25 W sichtbar. Das heißt, dass auch bei der Verwendung von lediglich wenigen Watt mittlerer Leistung das Perkussionsbohrverfahren bereits ein thermischer Abtragprozess ist und die mittlere eingebrachte Leistung die Haupteinflussgröße ist.

6.4.3 Einfluss Pulsdauer

Da die Durchbohrzeit wie zuvor beschrieben nicht mehr von der Pulsenergie und somit Fluenz abhängt, wird nun untersucht, inwiefern die Pulsdauer die Durchbohrzeit beeinflusst. In einem ersten Versuch wird daher abgeschätzt, ob noch Unterschiede in der Durchbohrzeit im Vergleich zu einem rein thermischen Abtrag vorhanden sind. Dafür wird die Durchbohrzeit bei gleichen Parametern einem CW-Prozess und zum Vergleich mit Millisekunden Pulsen als Funktion der mittleren Leistung bestimmt und in Bild 41 mit den Ergebnissen bei Nutzung des UKP-Lasers dargestellt. Zu erwarten wäre, dass Pikosekunden-Pulse durch den höheren Verdampfungsanteil beim Materialabtrag zu längeren Durchbohrzeiten im Vergleich zum CW-Prozess führen, bei der Abtrag größtenteils durch Schmelzbildung erreicht wird. Wie im Graph zu sehen, unterscheidet sich der UKP-Bohrprozess von den Prozesszeiten nicht vom CW-Prozess. Dies bestätigt die Vermutung, dass hier die thermischen Prozesse den Abtragprozess und damit die Durchbohrzeit auch bei den Pikosekunden-Pulsen dominieren.

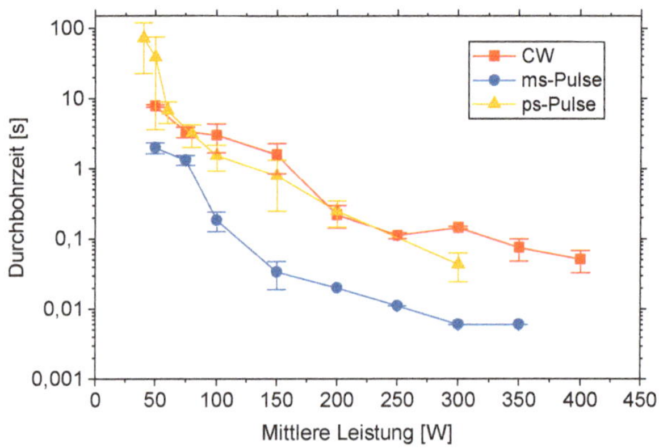

Bild 41: Vergleich der Durchbohrzeit für verschiedene Pulsdauern als Funktion der mittleren Leistung bei sonst gleichem experimentellen Setup
Material: Nickel
Dicke: 1,2 mm
w_0= 30 µm
Langpuls:
t_p= 0,2 ms
f= 500 Hz
UKP:
t_p= 2 ps
f= 400 kHz

Bild 42:
Normalisierte Durchbohrzeit (Referenz bei 2 ps) for die betrachteten Metalle als Funktion der Pulsdauer
E_P= 350 µJ
w_0= 30 µm
f= 400 kHz

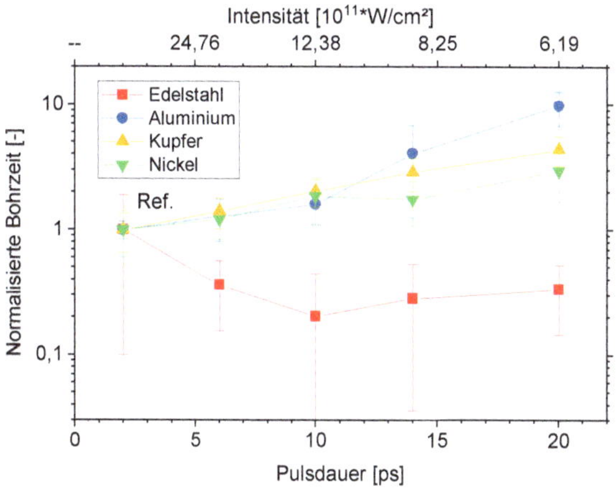

Der Vollständigkeit halber wird ebenfalls für die Millisekunden Pulsen die Durchbohrzeit ermittelt, welche ungefähr eine Größenordnung geringer ausfällt. Dies kann auf die erhöhte Pulsspitzenleistung im Vergleich zum CW-Prozess zurückgeführt werden. Diese führt zu höheren Dampfdrücken und beschleunigt die Schmelze am Bohrgrund stärker, wodurch die Schmelze besser aus der Bohrung ausgetrieben wird. Dies führt insgesamt zu einem effizienteren Materialaustrieb und ermöglicht so die kürzeren Durchbohrzeiten im Vergleich zum CW-Prozess.

Obwohl der Bohrprozess bei den untersuchten mittleren Leistungen wie gezeigt rein thermisch beschrieben werden kann, hat die Pulsdauer der Pikosekundenpulse weiterhin einen deutlichen Einfluss auf die Durchbohrzeit. Durch die Variation der Pulsdauer ändert sich auch die Intensität der Laserpulse, welche einen Einfluss auf die Abtragrate und die Neigung zur Plasmabildung hat. In Bild 42 werden die Durchbohrzeiten für die vier betrachteten Metalle für Pulsdauern zwischen 2 ps und 20 ps dargestellt. Alle Messergebnisse werden auf die Bohrdauer bei 2 ps normiert, da dies der Referenzwert in allen anderen Versuchen ist und so der Verlauf der unterschiedlichen Metalle direkt verglichen werden kann. Alle Metalle bis auf Edelstahl zeigen einen deutlichen Anstieg der Durchbohrzeit bei Erhöhung der Pulsdauer. Dieses Verhalten entspricht der Erwartung, da mit längerer Pulsdauer die Abtrageffizienz verringert wird. Die Höhe des Anstiegs der Durchbohrzeit von Faktor 3 für Nickel, Faktor 5 für Kupfer und sogar Faktor 10 für Aluminium überrascht jedoch, da Abtragversuche bei Erhöhung der Pulsdauer von 2 ps auf 20 ps nur eine Verringerung der Abtrageffizienz um maximal den Faktor 3 zeigen [NEUE12]. Im Gegensatz dazu verringert sich bei Edelstahl die Durchbohrzeit bei Erhöhung der Pulsdauer auf 10 ps um einen Faktor 5 und bleibt auch bis 20 ps in diesem Bereich. Für Edelstahl muss daher ein weiterer Effekt für den beobachteten abweichenden Verlauf verantwortlich sein, der die Verringerung der Abtrageffizienz überkompensiert. Einen Aufschluss geben die Längsschliffe der erstellten

Bohrungen, die in Bild 43 (Edelstahl) und Bild 44 (Aluminium) dargestellt sind. Für Aluminium ist kein deutlicher Unterschied in den Längsschliffen bei Veränderung der Pulsdauer zu erkennen. Allerdings zeigen die Längsschliffe von Edelstahl, dass der Durchmesser der Kavitäten, die durch die Plasmabildung entsteht, bei steigender Pulsdauer kleiner werden. Auch der Austrittsdurchmesser verringert sich. Dies kann auf die sinkende Intensität der Laserpulse bei höherer Pulsdauer zurückgeführt werden, welche die Plasmaentstehung und Interaktion mit dem Plasma beeinflusst. Auswirkungen einer geringeren Intensität sind die Zündung des Plasmas erst bei höherer Dichte der Ablationspartikel und eine erhöhte Transmission durch das Plasma. Dies führt zu einer geringeren Energieeinkopplung in das Plasma und dadurch wird die Aufweitung der Kavitäten reduziert. Dies führt außerdem dazu, dass ein größerer Anteil der Pulsenergie im Bohrungsgrund deponiert werden kann und somit die Durchbohrzeiten verringert. Im Bereich von ca. 10 ps wird bei Edelstahl außerdem eine große Streuung der Messwerte beobachtet. Längsschliffe von jeweils einer Bohrung mit besonders kurzer und langer Durchbruchzeit werden ebenfalls in Bild 43 gegenübergestellt. Die Bohrung mit der längeren Durchbohrzeit ist deutlich stärker aufgeweitet. Dieser Bereich kann als Übergangsbereich betrachtet werden, in dem die Interaktion der Laserstrahlung mit dem Plasma von Bohrung zu Bohrung stark variiert.

Bild 43: Längsschliffe von Bohrungen in 2 mm Edelstahl für verschiedene Pulsdauern
E_p= 350 µJ
w_0= 30 µm
f= 400 kHz

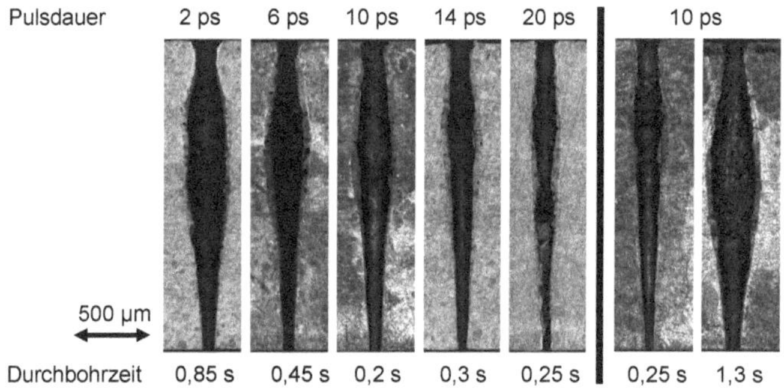

Bild 44: Längsschliffe von Bohrungen in 2 mm Aluminium für verschiedene Pulsdauern
E_P= 350 µJ
w_0= 30 µm
f= 400 kHz

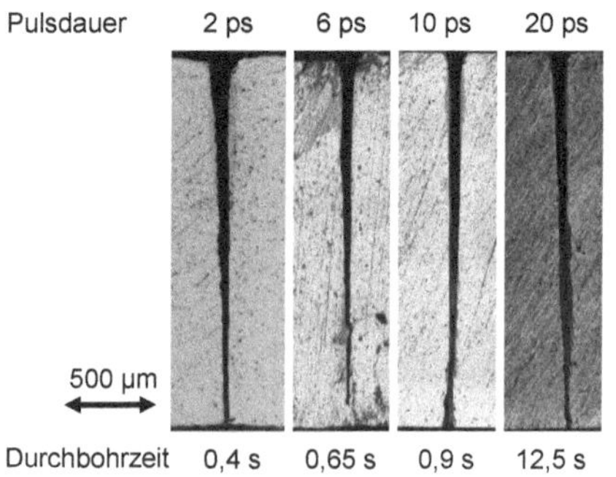

6.4.4 Einfluss Materialdicke

Die Untersuchung des Einflusses der Materialdicke auf die Durchbohrzeit kann zwei weitere Fragen beantworten. Zum einen kann bestimmt werden, wie sich die Abschirmung der Laserstrahlung bei tieferen Sacklöchern verhält. Außerdem gibt die Variation der Materialdicke einen Einblick in die zeitliche Entwicklung der Tiefe einer Bohrung und damit in die lokale, tiefenaufgelöste Abtragrate. Dafür wird erneut am Beispiel Edelstahl die Durchbohrzeit als Funktion der mittleren Leistung für verschiedene Materialdicken bestimmt. Die Ergebnisse für Materialdicken zwischen 0,5 mm und 4 mm sind in Bild 45 dargestellt. Für jede Materialdicke wird der gleiche Verlauf mit der lokalen Bohrzeiterhöhung beobachtet. Mit steigender Materialdicke wird diese Erhöhung ausgeprägter. Die genaue Position der Erhöhung ist primär von der verwendeten Repetitionsrate abhängig und wird daher für die weitere Abschätzung vernachlässigt. Werden die Daten außerdem in einem doppelt logarithmischen Graphen aufgetragen, kann der Verlauf der Durchbohrzeit für jede Materialdicke mit einer Geraden angenähert werden. Die Geraden für unterschiedliche Materialdicken haben in dem betrachteten Bereich auch in erster Näherung einen ähnlichen Abstand zueinander. Daher kann aus den Messwerten eine empirische Formel zur Bestimmung der Durchbohrzeit t_{Bohr} abgeleitet werden, die den Einfluss der mittleren Leistung P und der Materialdicke t auf die Durchbohrzeit quantifiziert:

6.1

$$t_{Bohr}(P,t)\ [\mathrm{s}] = 2033 * P[W]^{-3{,}1} * e^{3t[mm]}$$

$$\text{für: } 20\,W \le P \le 300\,W; t \le 4mm$$

Der Verlauf der Durchbohrzeit auf Grundlage der empirischen Formel ist für die gegebenen Materialdicken ebenfalls im Graph in Bild 45 eingezeichnet.

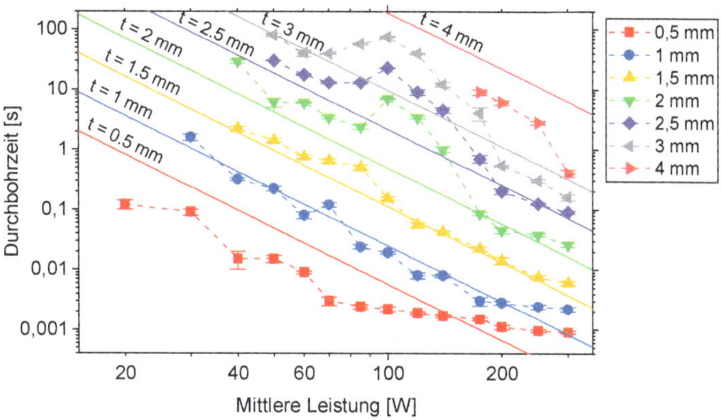

Bild 45: Durchbohrzeit für verschiedene Materialdicken in Edelstahl als Funktion der mittleren Leistung. Die Linien zeigen den Verlauf auf Basis der Fit-Funktion in Gl. 6.1
w_0= 30 µm
t_p= 2ps
f= 400 kHz

Die Formel zeigt, dass in dem betrachteten Bereich die mittlere Abtragrate beim Perkussionsbohren proportional zu ~P³ ist und die Durchbohrzeit proportional zu e^{3t} ist. Das bedeutet, dass für jede weitere 0,5 mm Probendicke die Durchbohrzeit um einen Faktor von 4,5 größer wird.

6.5 Tiefenaufgelöste Abtragrate

Bisher wurde in diesem Kapitel mit der Durchbohrzeit als Auswertemethode zur Bestimmung der Abtragrate ein Parameter verwendet, der eine gemittelte Abtragtiefe pro Puls darstellt. Wie allerdings bei Betrachtung des Einflusses der Materialdicke auf die Durchbohrzeit im letzten Abschnitt gezeigt wird, verringert sich die Abtragrate exponentiell bei größeren Materialdicken. Daher folgt nun eine Betrachtung der tiefenaufgelösten (lokalen) Abtragrate. Eine erste Abschätzung liefert die Auswertung der Durchbohrzeiten von Versuchen mit unterschiedlichen Materialdicken, auf deren Grundlage eine lokale Abtragtiefe pro Puls abgeschätzt werden kann. Die Ergebnisse der Abschätzung werden anschließend mit in-Situ Aufnahmen des Bohrprozesses mit einer Hochgeschwindigkeits-Videokamera (HSV-Kamera) verglichen.

6.5.1 Abschätzung über Materialdicke

Eine Abschätzung der tiefenaufgelösten Abtragrate wird am Beispiel von Perkussionsbohrungen in 0,5 – 8 mm dicken Edelstahlproben mit einer mittleren Leistung von 300 W durchgeführt. Die zugehörigen Bohrzeiten für die Bohrversuche sind in dem Graph in Bild 46 dargestellt. Außerdem ist hier auch der Fit aus dem vorherigen Kapitel (siehe Gleichung 6.1) und ein weiterer empirischer Fit für alle Materialdicken eingezeichnet, da der vorherige Fit nicht für den gesamten Verlauf geeignet ist. Die Anzahl der verwendeten Pulse N_{Pulse}

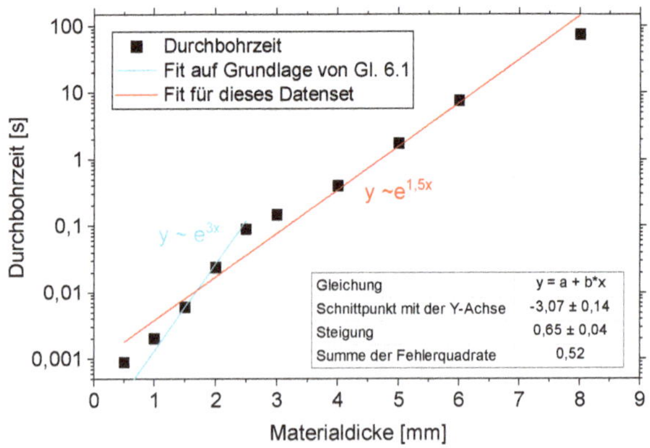

Bild 46: Durchbohrzeit als Funktion der Materialdicke in Edelstahl inklusive Fits. Die Fehlerbalken sind kleiner als Ausdehung der Datenpunkte und werden deshalb nicht dargestellt
E_p= 750 µJ
w_0= 30 µm
t_p= 2ps
f= 400 kHz

wird nun über Multiplikation der Durchbohrzeit t_{Bohr} mit der Repetitionsrate f erhalten, wobei die Durchbohrzeit über eine e-Funktion mit der Tiefe z und den Faktoren k und b auf Grundlage der Fit-Funktion dargestellt wird.

6.2
$$N_{Pulse} = f \cdot t_{Bohr} = f \cdot ke^{bz}$$

Über die Ableitung des Terms kann der Tiefenfortschritt bestimmt werden:

6.3
$$\frac{dN_{Pulse}}{dz} = f \cdot \mathrm{b}ke^{bz}$$
$$\Rightarrow \frac{dz}{dN_{Pulse}} = \frac{1}{f \cdot bke^{bz}}$$

Die Abhängigkeit des Abtrags pro Puls von der Tiefe ist graphisch in Bild 47 dargestellt. Zudem ist dort auch der mittlere Abtrag pro Puls für die jeweilige Bohrtiefe als Vergleich aufgetragen. Auf Grundlage des Abtrags pro Puls wird zudem eine Abschätzung der Abtrageffizienz durchgeführt, die den Anteil der Pulsenergie darstellt, der für die Verdampfung des Materials benötigt wird. Das Abtragvolumen wird hier vereinfacht basierend auf den Strahldurchmesser und der Tiefe bestimmt und berücksichtigt keine Aufweitung der Bohrung durch Plasmabildung. Ergänzend werden die Messwerte aus den Einzelpulsversuchen eingefügt, um Messwerte nah an der Oberfläche als Vergleich zu haben. Diese beiden Werte sind allerdings nicht in die Berechnung für den lokalen Abtrag pro Puls mit eingeflossen, sondern dienen als Referenz. Für Bohrtiefen bis 1,0 mm bleibt der mittlere Abtrag pro Puls in der gleichen Größenordnung, daher ist auch der tiefenaufgelöste Abtrag pro Puls ungefähr konstant. Aber selbst am Anfang des Bohrprozesses führt nur ein kleiner Teil der Pulsenergie zum Materialabtrag. Nur maximal 40% der Pulsenergie wird für den Abtrag verwendet, der Rest verbleibt in Form von Wärme im Material. Wird die Abtrageffizienz auf Basis eines schmelzbasierten Abtrags berechnet, beläuft sich dieser Anteil nur auf ungefähr 4%.

Bild 47:
Lokale und mittlere Abtragtiefe und Abtrageffizienz als Funktion der Tiefe
E_p= 750 µJ
w_0= 30 µm
t_p= 2 ps
f= 400 kHz

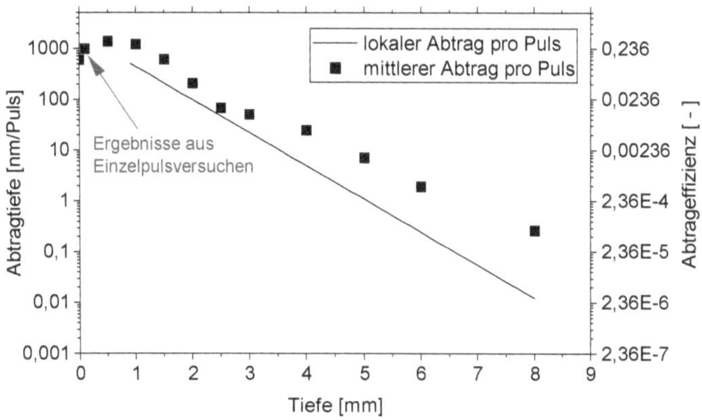

Bei Fortschreiten der Bohrungstiefe um jeweils 1,5 mm fällt die lokale Abtragrate dabei um eine Größenordnung ab. Bei Erreichen einer Materialdicke von 5 mm ist der lokale Abtrag pro Puls damit schon um mehr als einen Faktor von 1000 im Vergleich zum Anfang der Bohrung gesunken. Für sehr große Materialdicken von 8 mm wird nach der hier verwendeten einfachen Abschätzung ein Abtrag von 1 $\AA$ unterschritten, womit weniger als ein Atom pro Puls abgetragen wird. Da dies nicht möglich ist, kommt die vorgestellte Abschätzung hier an ihre Grenze. Wie im kommenden Kapitel noch detailliert gezeigt wird, hat der Tiefenfortschritt einen stufenförmigen Verlauf. Die hier vorgestellte vereinfachte, kontinuierliche Betrachtung gibt aber bereits einen guten Einblick in die Änderung der Größenordnung der lokalen, tiefenaufgelösten Abtragrate.

6.5.2 In-Situ Aufnahmen des Bohrprozesses

Für eine noch detaillierte Betrachtung des Bohrfortschritts werden in-situ Aufnahmen der Bohrung während des Bohrprozesses mit einer HSV-Kamera (Photron FASTCAM SA5) durchgeführt. Dazu wird an eine polierte Edelstahlprobe ein Glasplättchen gepresst. Anschließend wird knapp neben der Glas-Edelstahlkante gebohrt, wie in Bild 48 skizziert ist. So ermöglicht die Glasscheibe einen Einblick in die Bohrung, während die Bohrung selbst weiterhin größtenteils im Grundmaterial hergestellt wird. Der Einfluss des Glasfensters wird so möglichst klein gehalten. Durch das Begrenzen der Bohrung mit einer Glasprobe können allerdings auch die Randbedingungen des Bohrprozesses verändert werden. Insbesondere der Zustand in der Bohrung kann sich in Druck, Temperatur und Partikeldichte unterscheiden, da mit der Grenzfläche zwischen Probe und Glasplatte eine weitere Öffnung der Bohrkavität vorhanden ist. Die Vergleichbarkeit mit einem unbeeinflussten Prozess wird im Weiteren noch abgeschätzt. Am Beispiel Edelstahl wird nun der Bohrprozess für eine Perkussionsbohrung genauer betrachtet.

Bild 48: Prinzipskizze zum Aufbau der Probe für die In-Situ Beobachtung des Bohrprozesses

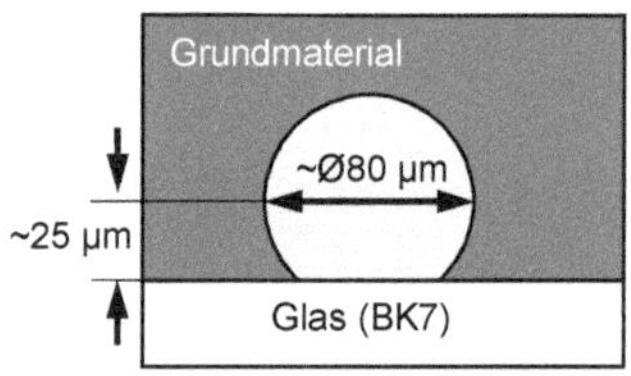

Im Graph in Bild 49 ist die Bohrungstiefe in Abhängigkeit der Prozesszeit auf Grundlage der HSV-Aufnahme für eine Repetitionsrate von 100 kHz aufgetragen. Zusätzlich werden die zuvor erstellten Fit-Funktionen, welche die Bohrungstiefe als Funktion der Prozesszeit darstellen, im Graph mit eingetragen. Mit diesen kann abgeschätzt werden, wie ähnlich sich der beobachtete Bohrprozess im Vergleich zum realen Prozess verhält. Der Graph zeigt deutlich, dass der Tiefenfortschritt bereits von Beginn des Bohrprozesses stufenweise voranschreitet. Ein Vergleich der beobachteten Bohrungstiefe mit den beiden Fit-Funktionen zeigt einen ähnlichen Verlauf. Die beobachtete Bohrungstiefe verbleibt für den gesamten Bereich zwischen den beiden Abschätzungen. Für geringere Bohrungstiefen nähert sich der

Verlauf dem Fit aus Gleichung 6.1 an, während sich der Verlauf für größere Bohrungstiefen an den Fit aus Bild 46 annähert. Das entspricht genau der Erwartung, da Gleichung 6.1 für geringere Bohrtiefen bestimmt wurde, während der Verlauf in Bild 46 auch die größeren Materialdicken mit einbezieht.

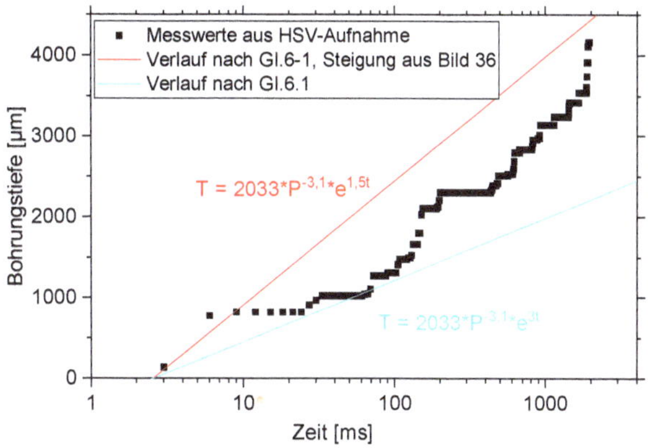

Bild 49:
Messungen der Bohrungstiefe aus der HSV-Aufnahme als Funktion der Bohrdauer. Vergleich mit Fit-Funktion aus Gl. 6.1
E_p= 800 µJ
w_0= 30 µm
t_p= 2 ps
f= 100 kHz

In Bild 50 werden zudem ausgewählte Bilder aus der HSV-Aufnahme gezeigt. Die HSV-Aufnahmen zeigen außerdem, dass der Bohrfortschritt auf einem gleichbleibenden Zyklus basiert, der sich mit steigender Bohrtiefe immer langsamer wiederholt. In Bild 50 ist dieser Zyklus für einen fortgeschrittenen Bohrzustand dargestellt. Die Momentaufnahmen zeigen die Bohrkavität schwerpunktmäßig für das Plateau in Bild 49, welches bei ca. 200 ms beginnt. In diesem Zeitbereich ist der Bohrzyklus sehr ausgeprägt und wird im Folgenden exemplarisch an den Bildern beschrieben:

Die Abtragprodukte aus den vorangegangenen Pulsen verbleiben in der Bohrkavität und interagieren mit dem nächsten Laserpuls. Durch Absorption eines Teils der Laserstrahlung wird der Materialdampf aufgeheizt und ein Plasma entsteht (200 ms). Die Entstehung und Aufheizung des Plasmas wiederum erhöht den Absorptionsgrad. Dieser Effekt verstärkt sich solange selbst, bis die komplette Pulsenergie in das Plasma eingekoppelt wird und kein Anteil mehr am Bohrungsgrund ankommt und zu Materialabtrag führt [KLIM07, S.10]. In diesem Moment stoppt auch der Tiefenfortschritt (250 ms). In diesem Bild ist im Bohrungsgrund auch kein Plasma mehr zu beobachten. Ab jetzt sinkt die Plasmadichte wieder, da kein weiterer Materialdampf über den Abtragprozess dem Plasma zugeführt wird. Durch die Öffnung der Kavität nach oben findet über Konvektions- und Diffusionsprozesse aber konstant ein Abtransport des Materialdampfes statt. Das Plasma schmilzt währenddessen über Wärmeleitung die Bohrlochwand auf und weitet so die Bohrung auf [DÖRI14, S.34], [KLIM07, S.7], [KLIM01, S.382]. Durch die Verringerung der Plasmadichte kann anschließend wieder ein Teil der Pulsenergie durch das Plasma transmittieren und führt am Bohrungsgrund erneut zu einem Materialabtrag. Im Bohrungsgrund entsteht in dieser Folge ein Plasma (325 ms) und der Bohrprozess startet erneut (400 ms). Die Verzögerung zwischen Plasmabildung und weiterem Bohrfortschritt ist hier ein Sonderfall. Zuerst wird die

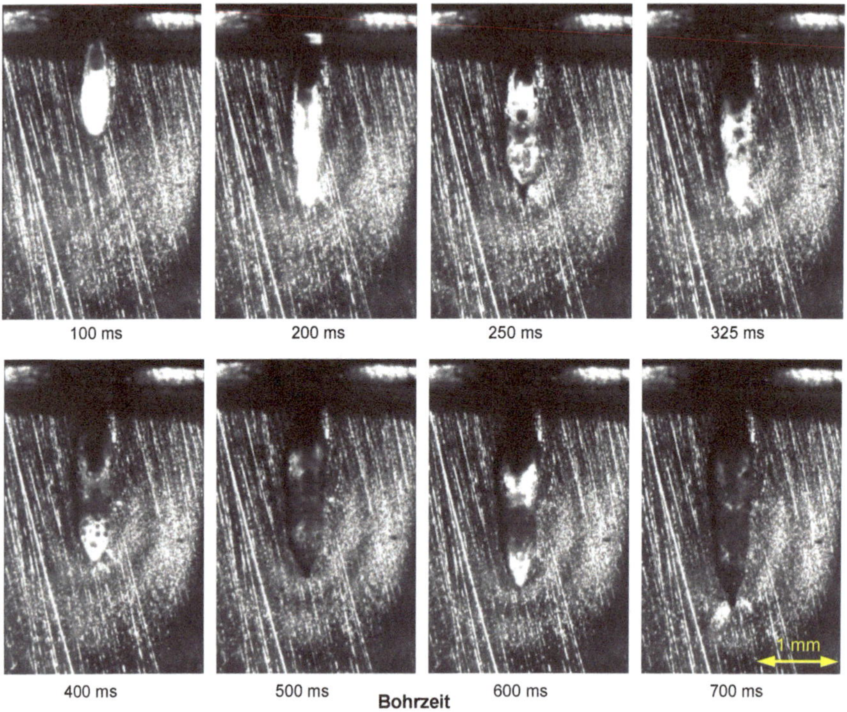

Bild 50: Ausgewählte Frames der HSV-Aufnahme vom Perkussionsbohrprozess in Edelstahl. Die dunkleren, wolkenförmige Bereich, die bei längeren Prozesszeiten in der Bohrung entstehen, resultieren aus dem Aufschmelzen des Glases aufgrund des heißen Plasmas in der Bohrung. E_p= 800 µJ, w_0= 30 µm, t_p= 2 ps, f= 100 kHz, Prozessgas: Druckluft, 5 bar, koaxial

Bohrungsspitze aufgeweitet, um anschließend einen weiteren Tiefenabtrag zu ermöglichen. Ein weiterer Bohrungsstopp findet anschließend bei 500 ms und 700 ms statt. Der Rückgang der Zyklusfrequenz mit steigender Bohrtiefe kann als Kombination aus mehreren Effekten erklärt werden: In größerer Bohrtiefe verringert sich die Fluenz, wodurch der Abtrag und damit auch das Volumen der Ablationsprodukte geringer wird. Außerdem verringert sich die maximale Plasmadichte aufgrund des größeren Volumens der Bohrkavität. Mit steigendem Aspektverhältnis der Bohrung verringern sich zudem die Konvektions- und Diffusionsströme über den Bohrlocheintritt aus der Bohrung heraus. Diese Effekte führen zu einem langsameren Ansteigen und Abfallen der Plasmadichte, wodurch die Zykluszeit erhöht wird.

6.6 Zusammenfassung

Der Einfluss der Wärmeakkumulation auf die Abtragrate bei wenigen Pulsen auf einer Stelle, sowohl im stationären Fall als auch in Form eines Pulsüberlapps beim flächigen Abtrag, und bei vielen Pulsen in Form von Perkussionsbohrungen wird in diesem Kapitel für mittlere Leistungen bis 340 W und Pulsenergien bis 850 µJ untersucht. Die Haupterkenntnisse sind nachfolgend zusammengefasst:

Wärmeakkumulation bei wenigen Pulsen:

- Bei einer mittleren Leistung von 5 W wird bereits bei einigen zehn Pulsen eine Steigerung der Abtragrate durch Wärmeakkumulation beobachtet.
- Bei höheren mittleren Leistungen verringert sich die Anzahl der Pulse, ab der Wärmeakkumulation auftritt.
- Die Nutzung eines Crossjets zum Schutz der Optiken führt im Vergleich zur koaxialen Düse zu einer höheren Abtragtiefe bei gleichem Abtragvolumen.
- Durch die Überlagerung einer Relativbewegung bei konstantem Pulsüberlapp steigt der Abtrag pro Puls für größere Pulsüberlappe weiter an, bis eine Überfahrt vollendet ist. Dies kann auf eine erhöhte Schmelzbildung zurückgeführt werden. Die Schmelze kann bei weiteren Überfahrten aber nicht aus der Vertiefung ausgetrieben werden, weshalb der Abtrag bei weiteren Überfahrten erneut auf Werte aus den Einzelpulsversuchen sinkt.

Wärmeakkumulation bei vielen Pulsen

- Beim Perkussionsbohren wird bei mittleren Leistungen >10 W ein thermisch dominierter Abtragprozess beobachtet. Der dominierende Prozessparameter zur Bestimmung der Abtragrate ist dann nur noch die verwendete mittlere Leistung und führt zu gleichen Bohrzeiten wie ein CW-Prozess.
  - Der thermisch dominierte Abtragprozess führt zu einer Verringerung der Durchbohrzeit um zwei Größenordnungen bei Verdopplung der mittleren Leistung von 50 W auf 100 W. Dieser Effekt gilt gleichermaßen für alle betrachteten Metalle (Edelstahl, Aluminium, Nickel, Kupfer). Bei Edelstahl wird der Verlauf in diesem Bereich aber von dem Effekt der Abschirmung durch Plasmabildung überkompensiert.
  - Weder Pulsenergie noch Repetitionsrate haben dabei (im untersuchten Bereich) einen Einfluss auf die Durchbohrzeit.
- Die lokale, tiefenaufgelöste Abtragrate und Abtrageffizienz einer Perkussionsbohrung werden bestimmt. Hier wird eine Verringerung der tiefenaufgelösten Abtragrate um mehrere Größenordnungen mit steigender Bohrtiefe beobachtet.
- Der Blick in eine Perkussionsbohrung während des Bohrprozesses über ein *Fenster* ist geeignet, den Prozess in-situ zu beobachten. Dabei wird eine ähnliche Bohrgeometrie und ein vergleichbarer Tiefenfortschritt im Vergleich zum realen Prozess beobachtet. Die Videoaufnahmen zeigen einen stufenweisen

Abtrag, der primär thermisch über das Materialdampfplasma als Zwischenwirt abläuft.

- Für Edelstahl wird insgesamt eine deutlich größere Interaktion der Laserstrahlung mit dem Materialdampfplasma im Vergleich zu den anderen Metallen beobachtet. Dies führt zu einer
  - zeitweisen Erhöhung der Durchbohrzeit bei Erhöhung der mittleren Leistung,
  - starken Aufweitung des Bohrkanals auf >> Ø100 µm und
  - einer Reduktion der Durchbohrzeit bei Erhöhung der Pulsdauer, im Gegensatz zu allen anderen untersuchten Metallen.

6.7 Schlussfolgerungen für das UKP-Tiefbohren

Durch Wärmeakkumulation wird bei hohen Fluenzen bereits bei wenigen Pulsen und einigen 10 kHz Repetitionsrate signifikant Schmelze erzeugt. Auch bei einem flächigen, abtragbasierten Bohrverfahren tritt dadurch bereits bei höheren Repetitionsraten oder großen Pulsüberlappen (>40 Pulse pro Stelle) verbreitet Schmelze auf, wodurch die Vorteile einer UKP-Bearbeitung verloren gehen. Präzise, schmelzfreie Bohrungen können daher bei hohen Fluenzen (>> 10 J/cm²) nur mit geringen Repetitionsraten in der Größenordnung von maximal einigen 10 kHz erzeugt werden.

Bezüglich der Pulsdauer sollte für das Bohren von allen Metallen außer Edelstahl eine möglichst kleine Pulsdauer in der Größenordnung von 1 ps verwendet werden, da längere Pulsdauern auch beim thermisch dominierten Abtrag zu einer geringeren Abtrageffizienz führen. Bei Edelstahl kann aber auch eine längere Pulsdauer von ca. 10 ps vorteilhaft sein. Diese Pulsdauer verringert die Plasmabildung und Abschirmung der Laserstrahlung, welches die Verringerung der Abtrageffizienz bei der Verwendung höherer mittlerer Leistungen überkompensiert (Bild 42). Auch allgemein führt die verstärkte Plasmabildung bei Edelstahl zu einer geringeren einsetzbaren mittleren Leistung für Bohrprozesse im Vergleich zu anderen Metallen, wenn eine hohe Bohrungsqualität erhalten bleiben soll.

Wird eine ausgeprägte Schmelzbildung toleriert, ist jedoch eine produktive Herstellung von Bohrungen mittels Perkussionsbohren möglich. Allerdings sinkt die Abtragrate exponentiell mit steigender Bohrtiefe, weshalb abhängig von der verfügbaren mittleren Leistung der Laserstrahlung nur wenige Millimeter dicke Metalle produktiv gebohrt werden können. Zudem sind die so erzeugten Bohrungen sowohl bezüglich der Bohrungsqualität als auch der Produktivität schlechter als Langpuls-Bohrprozesse, da bei UKP-Bohrprozessen die Schmelze austreibenden Kräfte geringer sind.

7 Entwicklung UKP-Tiefbohren[8]

In diesem Kapitel werden nun verschiedene Bohrverfahren auf ihre Eignung zur Erstellung von präzisen Tiefbohrungen mittels UKP-Laserstrahlung untersucht. Damit wird die zweite Forschungsfrage adressiert, welche die Frage nach der Existenz eines geeigneten Bohrverfahrens stellt. Ziel ist die Erstellung der Zielbohrungsgeometrie mit einem Bohrungsdurchmesser von 500 µm in 5 mm Materialdicke. Dazu werden zu Beginn die Ergebnisse aus den Untersuchungen zur Wärmeakkumulation bei vielen Pulsen verwendet, um daraus Prozessparameter für die klassischen Bohrverfahren des Langpulsbohrens Perkussion und Trepanieren abzuleiten. Die Erkenntnisse aus der Wärmeakkumulation bei flächigem Abtrag werden anschließend für das Bohren mittels schichtweisem Vollabtrag des Bohrungsquerschnitts verwendet. Die Bohrungen werden anhand der Prozesszeit und der Qualität in Form von der Bohrungsgeometrie und der Abwesenheit von Schmelze eingeordnet. Auf Grundlage der Ergebnisse durch den Vollabtrag wird das Bohrverfahren des Tiefbohrens entwickelt und die dazu benötigte sogenannte Tiefbohroptik vorgestellt und charakterisiert (3. Forschungsfrage). Abschließend werden ausgewählte Bohrungsgeometrien gezeigt, die mit dem neuen Bohrverfahren Tiefbohren erreicht werden können.

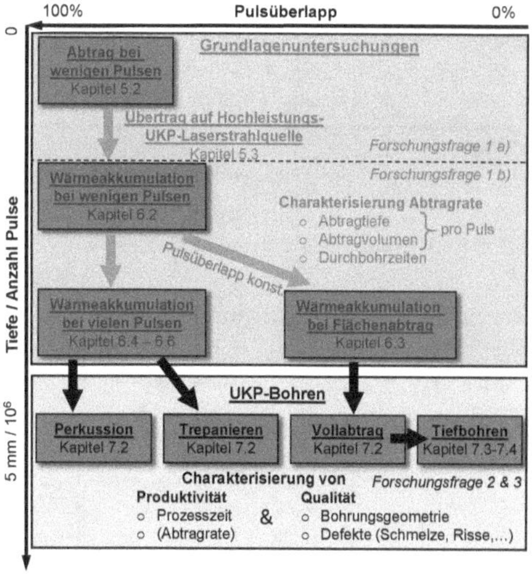

Bild 51: Einordnung der Untersuchungen und Auswertungen zum UKP-Bohren in diesem Kapitel in die Struktur der Arbeit

[8] Die Ergebnisse in diesem Kapitel basieren zum Teil auf der Veröffentlichung [HAAS22].
Die in diesem Kapitel beschriebene sogenannte Tiefbohroptik zum UKP-Bohren wurde als Patent unter folgender Nummer angemeldet: PCT/EP2021/051977.

7.1 Vorgehen

Zu Beginn werden in Abschnitt 7.2 die Bohrverfahren Perkussion und Trepanieren mit ultrakurzen Laserpulsen verwendet und erreichte Bohrungstiefen und Bohrungsgeometrien kurz dargestellt. In den Untersuchungen zur Wärmeakkumulation hat sich gezeigt, dass ein Durchbohren innerhalb einiger Sekunden möglich ist. Insbesondere das Trepanieren ist daher von Interesse, da durch den Schnittspalt die Abtragprodukte schnell abgeführt werden können und einen UKP-Schneidprozess denkbar werden lässt, welcher hohe Qualität mit geringer Prozesszeit verbindet. Außerdem werden auch die erreichbare Geometrie und Qualität beim Bohren mittels schichtweisen Abtrags vorgestellt. Dieses Verfahren erreicht als erstes Verfahren die geforderte Bohrungsqualität, die Bohrung verbleibt aber konisch. Daher wird auf dieser Grundlage das neue Bohrverfahren Tiefbohren entwickelt, welches in Abschnitt 7.3 vorgestellt wird. Dieses Verfahren ermöglicht die Erstellung von präzisen und tiefen zylindrischen Bohrungen mit der definierten Zielgeometrie. Nach Vorstellung des Konzepts und der Randbedingungen des neuen Bohrverfahrens wird die Abhängigkeit zwischen Fluenz und erreichbarem Bohrwandwinkel untersucht. Die Bestimmung dieser Abhängigkeit ermöglicht dann die Berechnung des benötigten optischen Setups in Abhängigkeit der verfügbaren Laserstrahlquelle und der gewünschten Bohrungsgeometrie. Aus diesen Berechnungen kann auch eine Abschätzung für das maximal erreichbare Aspektverhältnis abgeleitet werden, welches mit dem Tiefbohrverfahren herstellbar ist. Die technische Umsetzung zur Einstellung der geforderten Laserkaustik und des Anstellwinkels der Laserstrahlung mit der eigens entwickelten Tiefbohroptik wird anschließend in Abschnitt 7.4 vorgestellt. Nach der Beschreibung des optischen Aufbaus wird der Einfluss diverser Prozessparameter wie Fokusdurchmesser, Anstellwinkel, Fokusnachfahrtgeschwindigkeit und Scangeschwindigkeit auf das neue Bohrverfahren untersucht.

Bild 52: Ziel und Vorgehensweise der Untersuchungen zur Entwicklung eines Bohrverfahrens zum Tiefbohren in diesem Kapitel

Ziel:
Entwicklung **Bohrverfahren** zum **Tiefbohren**

Vorgehen:

1. Test Bohrverfahren	**2. Entwicklung neues Bohrverfahren mit Optik**	
Kapitel 7.2	Kapitel 7.3	Kapitel 7.4

Test geeignete Bohrprozesse
- Perkussion
- Trepanieren
- Schichtweiser Abtrag
 	
Auswertung von
- Erreichbarer Bohrtiefe
- Bohrungsgeometrie
	Tiefbohren
	- Randbedingungen
	- Bohrwandwinkel vs. Fluenz
	- Auslegung Optik
	- Abschätzung maximales Aspektverhältnis
	- Einfluss Pulsdauer
		Tiefbohroptik
		- Aufbau Tiefbohroptik
		- Einfluss von
		  - Fokusdurchmesser
		  - Anstellwinkel
		  - Fokusnachfahrt
		  - Scangeschwindigkeit
		
		Auswertung von
		- Durchbohrzeit
		- Bohrungsdurchmesser

Die Ergebnisse werden zur Auswahl der geeigneten Prozessparameter zu Herstellung der Zielgeometrie verwendet. Anschließend werden auch die Ergebnisse aus den grundlegenden Untersuchungen zum Tiefbohren in Abschnitt 7.3 mit Tiefbohrungen in 5 mm dicken Edelstahl verglichen, um die Übertragbarkeit der Ergebnisse auf tiefe Bohrungen zu bestätigen. Mit der aufgebauten Tiefbohroptik werden dann Beispiele für Bohrungen in verschiedenen Materialien, der erreichbaren Bohrungsqualität und für die erreichbaren Aspektverhältnisse vorgestellt.

7.2 Test bekannter Bohrverfahren

Wie im Vorgehen für dieses Kapitel bereits erläutert, werden nun repräsentative Ergebnisse von Bohrungsgeometrien dargestellt, die mit den bekannten Bohrverfahren Perkussion und Trepanieren erzeugt werden. Das Bohren mittels schichtweisen Abtrags des Bohrungsquerschnitts wird häufig eher dem Abtragen als dem Bohren zugeordnet, wird hier aber ebenfalls hinsichtlich der erreichbaren Bohrungsgeometrie und Qualität eingeordnet.

7.2.1 Perkussion

Wie bereits in Unterabschnitt 6.4.4 systematisch untersucht wird, ist mittels Perkussion mit UKP-Laserstrahlung ein produktives Bohren auch von mehreren Millimetern Materialdicke möglich. Beispielsweise können in 2 mm dickem Edelstahl durch Anpassung der Laserparameter Bohrungen mit deutlich unterschiedlichen Durchmessern erstellt werden, wie in Bild 53 gezeigt wird. Selbst die geforderte Materialdicke von 5 mm kann mittels Perkussionsbohren in unter 2 s Prozesszeit hergestellt werden (Bild 53, Mitte). Eine Aufweitung der Bohrung auf über > Ø100 µm ist aber nur über Plasmabildung möglich, welche wiederum zu einer deutlichen Schmelzschicht an der Bohrungswand führt. Außerdem tritt dieser Effekt nicht homogen über die gesamte Tiefe auf, sodass über die Bohrungstiefe verschiedene Durchmesser zwischen 130 µm und 466 µm entstehen. Aufgrund der Schmelzschichtentstehung und der deutlichen Variation des Durchmessers über die Bohrlochtiefe ist das Perkussionsbohrverfahren daher nicht für die Erstellung der angestrebten Bohrungsgeometrie geeignet.

7.2.2 Trepanieren

Interessanter erscheint der Ansatz, die Bohrung durch Trepanieren auszuschneiden. Wie die Ergebnisse vom Perkussionsbohren gezeigt haben, ermöglicht die Abtragrate ein Ausschneiden der Bohrung innerhalb einiger Sekunden. Auch die Erstellung einer ersten Durchgangsbohrung mittels Perkussionsbohren in 5 mm Material ist möglich, wie im vorherigen Kapitel und im Bild 53 gezeigt wird. Da bei Verwendung von koaxialem Prozessgas die Ablationsprodukte nach der Erstellung einer ersten Durchgangsbohrung durch die Bohrung ausgetrieben werden, sollte für den nachfolgenden Schneidprozess keine Plasmabildung mehr stattfinden. Dies sollte auf der einen Seite zu einer erhöhten Abtragrate führen, da die Puls-Partikel Wechselwirkungen reduziert werden. Zusätzlich sollte auch die

Qualität der Bohrungswand deutlich ansteigen, da dort keine thermischen Schädigungen in Form von Schmelzschichten mehr entstehen. In Bild 53 (rechts) werden beispielhaft Längsschliffe zweier Bohrungen gezeigt, die durch Trepanieren in 3 mm dickem Edelstahl hergestellt wurden. Entgegen der vorherigen Annahme treten an den Bohrungswänden weiterhin lokal Schmelzschichten auf, die auch durch einen langsameren Schneidprozess (rechter Längsschliff) nicht komplett vermieden werden können. Außerdem bleibt die Bohrung durch das Trepanieren konisch (Konizität ca. 5%).

Tiefere trepanierte Bohrungen sind möglich, hier verbleibt der Bohrkern aufgrund der Konizität der Schnittfuge in Kombination mit der Schnittfugenbreite allerdings in der Bohrung und verschmilzt mit der Bohrungswand. Auch bei anderen Metallen wird dieses Verhalten beobachtet. Bei Aluminium verbleibt der Bohrkern bereits bei 2 mm Materialdicke in der Bohrung. Im Vergleich zu Edelstahl ist die Schnittfuge aufgrund der größeren Wärmeleitfähigkeit schmaler und der Bohrkern verbleibt daher auch bei kleineren Materialdicken in der Bohrung. Daher kann zusammengefasst werden, dass über Trepanieren keine Bohrungen mit der geforderten Tiefe und Qualität erstellt werden können.

Bild 53: Längsschliffe von Bohrungen, die mittels Perkussion und Trepanieren mit UKP-Laserstrahlung hergestellt wurden w_0= 30 µm t_p= 2 ps

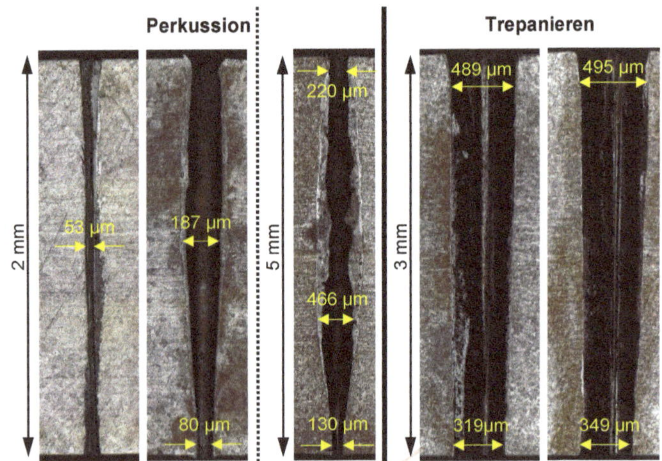

E_P	500 µJ	750 µJ	750 µJ	750 µJ	750 µJ
f_{Rep}	50 kHz	400 kHz	400 kHz	400 kHz	400 kHz
t_{Proc}	5 s	20 ms	1,8 s	1 s	7,9 s

7.2.3 Schichtweiser Abtrag

Ein schichtweiser Abtrag des Bohrungsquerschnitts hat das größte Potenzial zur Erstellung einer Bohrung ohne thermische Defekte. Dabei wird der Querschnitt der Bohrung mittels Spiralen (siehe Abschnitt 4.4) schichtweise abgetragen. Durch die Verwendung hoher Fluenzen soll ein möglichst steiler Bohrwandwinkel erreicht werden. Da im Bohrprozess die verwendete mittlere Leistung aber auf der kleinen Querschnittsfläche der Bohrung konzentriert wird, kann schnell Wärmeakkumulation auftreten. Diese erzeugt dann Schmelze, wodurch der Vorteil einer UKP-basierten Materialbearbeitung verloren wird. Daher ist die nutzbare Repetitionsrate begrenzt, um die Wärmeentwicklung während des Bohrprozesses in Grenzen zu halten.

In Bild 54 wird der Längsschliff einer Bohrung in 3 mm Edelstahl dargestellt, die über schichtweisen Abtrag mittels Spiralen hergestellt wurde. Der Prozess wurde nach 27,4 s gestoppt, welches der 5-fachen Durchbohrzeit entspricht. Für größere Bohrtiefen steigt die Durchbohrzeit exponentiell an, ähnlich wie beim Perkussionsbohren. Der Längsschliff zeigt keine Schmelzschichten oder andere metallographische oder geometrische Defekte auf. Die Abwesenheit von deutlichen Schmelzschichten trotz der Verwendung einer Pulsenergie von 750 µJ und einer hohen Repetitionsrate von 200 kHz kann durch kurze Prozesspausen zwischen den Spiralen und den sogenannten *low fluence finishing*-Effekt erklärt werden. Während des Bohrprozesses wird die Bohrungswand zunehmend steiler und verringert so die lokale Fluenz an der Bohrungswand, da diese mit steigendem Wandwinkel auf eine größere Fläche projiziert wird. Am Ende des Bohrprozesses liegt aufgrund der Projektion und Defokussierung nur noch eine moderate Fluenz in der Größenordnung von 1 J/cm² vor und trägt so mögliche zuvor entstandene Schmelzschichten ab. [KAML03, S.309]

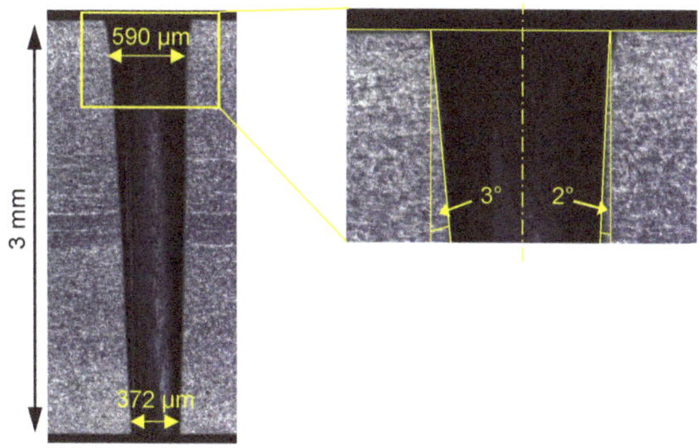

Bild 54:
Längsschliff einer mittels Spiral-abtrag hergestellten Bohrung in 3 mm Edelstahl mit Messung des Bohrwandwinkels
E_p= 750 µJ
w_0= 28 µm
t_p= 2 ps
f= 200 kHz
$t_{Prozess}$= 27,4 s

Eine gewisse Konizität verbleibt, die auch über eine Verlängerung der Prozesszeit nicht wesentlich verringert werden kann. Für den zuvor beschriebenen Prozess verbleibt ein Bohrwandwinkel im Bereich von 2° - 3° zur Bohrachse bestehen. Ein einfaches Modell, bei dem Abtrag stattfindet, solange die auf die schiefe Bohrungswand projizierte Fluenz oberhalb der Schwellfluenz liegt, kann dieses Ergebnis nicht wiedergeben. Dafür ist eine detaillierte Betrachtung mit Berücksichtigung der lokalen Poynting-Vektoren, der Divergenz der Laserstrahlung und der winkelabhängigen Absorption notwendig. Für die in Bild 54 angegebenen Parameter ergibt sich bei Berücksichtigung der genannten Aspekte für den asymptotischen Fall in einer Simulation ein maximaler Bohrwandwinkel von 2,8°, der sich auch für deutlich höhere Fluenzen nicht mehr signifikant verringern lässt. Weitere Details zum Vorgehen zur Bestimmung des asymptotischen Bohrwandwinkels und zur Simulation werden in Kap. 7.3.2 gegeben. Daher ist eine Strahlanstellung zum Erreichen einer zylindrischen Bohrung und dem Erreichen hoher Aspektverhältnisse allgemein unerlässlich.

7.3 Tiefbohren

In diesem Kapitel wird das neue Bohrverfahren Tiefbohren vorgestellt und charakterisiert. Zu Beginn wird das Konzept des Bohrverfahrens und die Randbedingungen erläutert. Für die Auslegung des Bohrverfahrens auf die gewünschten Bohrungsgeometrie wird der Winkel benötigt, der sich zwischen Laserstrahlung und Bohrungswand in Abhängigkeit der Fluenz einstellt. Die Abhängigkeit dieses Winkels von der Fluenz und der Überfahrten wird daher betrachtet und bildet eine wichtige Grundlage für das Auslegungsprogramm zum Tiefbohren, welches danach vorgestellt wird. Neben der Bestimmung der Kaustik und des Anstellwinkels der Laserstrahlung für eine gegebene Bohrungsgeometrie und Laserstrahlquelle kann das Auslegungsprogramm auch dazu verwendet werden, die generellen Grenzen des Bohrverfahrens abzuschätzen. Dies wird für das maximal erreichbare Aspektverhältnis in Abhängigkeit der Wellenlänge und verfügbaren Pulsenergie durchgeführt. Der Vollständigkeit halber wird zum Abschluss noch der Einfluss der Pulsdauer auf das Tiefbohren behandelt.

7.3.1 Konzept und Randbedingungen

Ein Verfahren, mit dem tiefe und zylindrische Bohrung mit der von UKP-Bearbeitung bekannten Qualität herzustellen, muss eine Reihe von Anforderungen erfüllen. Wie zuvor erläutert, muss die Laserstrahlung einen Anstellwinkel relativ zur Bohrungsachse aufweisen, um zylindrische Bohrungen erstellen zu können. Außerdem muss eine hohe Fluenz verwendet werden, um einen kleinen Relativwinkel zwischen Symmetrieachse der Laserstrahlung und Bohrungswand (relativer Bohrwandwinkel) zu erreichen. Dies erfordert zusätzlich die Verschiebung der Fokusebene der Laserstrahlung durch die Bohrung, damit in großer Bohrtiefe weiterhin eine hohe Fluenz zur Verfügung steht. Die Einkopplung der Laserstrahlung in die Bohrung liefert dabei eine zusätzliche Randbedingung für den Anstellwinkel der Laserstrahlung (siehe Skizze in Bild 55). Zudem soll ein Vollabtrag des Bohrlochquerschnitts erfolgen, um eine verlustfreie Einkopplung der konvergenten Laserstrahlung in die Bohrung zu ermöglichen. Der Vollabtrag soll mit einer hochdynamischen Ablenkung der Laserstrahlung erfolgen, um eine möglichst hohe mittlere Leistung einkoppeln zu können.

Das Konzept des Tiefbohrverfahrens ist daher die konvergente Laserstrahlung unter einem Winkel in das Bohrloch einzukoppeln und während eines Vollabtrags des Bohrungsquerschnitts die Fokusebene durch die Bohrung bis zur Austrittsebene zu führen. Der Vollabtrag geschieht dabei mittels verdrehter Spiralen, um einen hohen Duty-Cycle bei den Scanbewegungen zu ermöglichen (siehe Abschnitt 4.4). Dadurch wird die Bohrung entlang der gesamten Bohrtiefe mit der fokussierten Laserstrahlung abgetragen, welches eine direkte Einstellung der Bohrungsform an jeder Stelle ermöglicht. Dies ist der entscheidende Unterschied zu den existierenden Bohrverfahren, bei denen der Fokus in Nähe der Bohrungseintrittsebene bleibt und die Bohrung in der Tiefe nur indirekt durch die Kaustik und Mehrfachreflexionen geformt wird. Zudem sinkt die Abtragrate mit steigender Tiefe durch die Fokusnachfahrt beim Tiefbohren nicht und ermöglicht so die Beibehaltung der Abtragrate bei steigender Bohrtiefe.

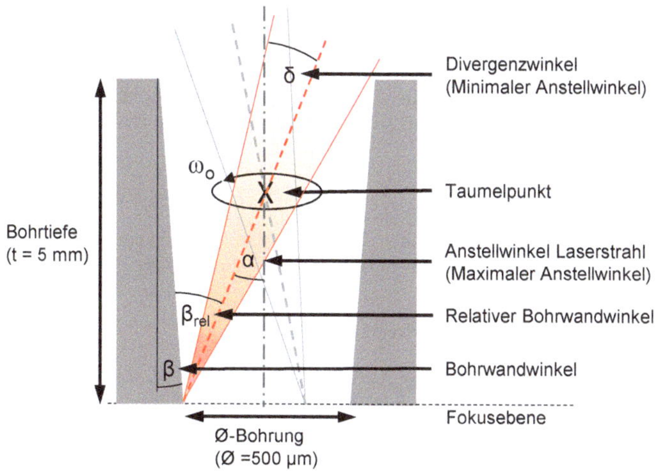

Bild 55: Skizze zur Darstellung der Randbedingungen zur Einkopplung der konvergenten Laserstrahlung[9] in die Bohrung und zur Definition der verwendeten Nomenklatur.

Aus diesen Anforderungen können bereits eine Reihe von Randbedingungen für das Tiefbohrverfahren abgeleitet werden. Diese werden nachfolgend anhand der Skizze in Bild 55 benannt. Beispielhaft für die Zielbohrungsgeometrie und für das verwendete Lasersystem von Amphos werden auch die expliziten Randbedingungen bestimmt. Für den Auslegungsfall wird die Fokusebene dabei auf die Bohrungsaustrittsebene gelegt:

- **Minimaler Anstellwinkel:** Der minimale Anstellwinkel α ist erreicht, wenn die konvergente Laserstrahlung auf der Abtragseite im Bohrungseintritt abgeschirmt wird. Dies entspricht dem jeweiligen Divergenzwinkel δ der Laserstrahlung. Zudem muss sichergestellt werden, dass aus der Kombination von Anstellwinkel und Fluenz der Laserstrahlung eine senkrechte Bohrungswand erreicht werden kann. Dieser Punkt wird nachfolgend noch im Detail behandelt.

[9] Die Kaustik der Laserstrahlung wird hier über die geometrischen Optik dargestellt, da der Fokusdurchmesser klein im Vergleich zu den Abmessungen der Bohrung ist und somit der Gaußstrahl nicht berücksichtigt werden muss.

- **Maximaler Anstellwinkel**: Der konvergente Laserstrahl muss vollständig in die Bohrung eingekoppelt werden können, wenn die Fokusebene am Bohrungsaustritt liegt. Der Maximalwert für die Zielgeometrie liegt dann bei α= 4,9° Dies gilt für den Fall eines minimalen Strahlradius an dem Bohrungseintritt, der für die verwendete Laserstrahlquelle bei w_0= 50 µm liegt. Danach schirmt die dem Abtrag gegenüberliegende Seite ein Teil der Laserstrahlung ab.
- **Minimaler Fokusradius:** Die konvergente Laserstrahlung darf im Bohrungseintritt keinen größeren Strahldurchmesser als den Bohrungsdurchmesser haben. Dies tritt bei der verwendeten Strahlquelle für w_0< 10 µm auf. In diesem Grenzfall ist der minimale und maximale Anstellwinkel identisch.

Die genannten Randbedingungen gelten für das Abfahren des Außenkreises entlang der Bohrungswand. Damit für alle anderen Scanpfade im Bohrungsquerschnitt die oben genannten Bedingungen weiterhin erfüllt sind, muss der Taumelpunkt der Laserstrahlung in einer Fokusebene stationär bleiben. Dies ist nur dann gegeben, wenn der Anstellwinkel proportional zum Abstand der Laserstrahlung in der Fokusebene zur Bohrachse ist. Dies ist eine der wichtigsten Eigenschaften beim Tiefbohren und muss auch durch die Tiefbohroptik abgebildet werden können. Der angegebene Anstellwinkel in diesem Kapitel bezieht sich immer auf den Anstellwinkel bei Abfahrt der Außenkontur.

7.3.2 Abhängigkeit Wandwinkel von Fluenz

Ein zentraler Punkt bei der Charakterisierung des Tiefbohrverfahrens ist die Abhängigkeit zwischen erreichbarem relativen Bohrwandwinkel und der Fluenz. Die Kombination muss geeignet sein, um einen Abtrag bis zu einer senkrechten Bohrungswand zu ermöglichen. Dazu wird sowohl theoretisch als auch experimentell der asymptotische relative Bohrwandwinkel zwischen Bohrungswand und Laserstrahlung in Abhängigkeit der verwendeten Fluenz bestimmt. Für einfache Aufbauten ohne spezielle Bohroptik kann der Anstellwinkel der Laserstrahlung vernachlässigt werden und der relative Bohrwandwinkel entspricht dem gemessenen Bohrwandwinkel. Außerdem wird mithilfe der Experimente eine Konstante bestimmt, welche die zeitliche Entwicklung bis zur Annäherung an den asymptotischen Bohrwandwinkel als Funktion der Fluenz darstellt.

Asymptotischer Bohrwandwinkel: Theorie

Für die theoretische Berechnung des asymptotischen Bohrwandwinkels wird ein Modell angepasst, welches die Bohrungsform unter Einbeziehung von Kaustik, Poynting-Vektoren und winkelabhängiger Absorption berechnet [JANS19], [HERM18, S.45–70]. Der Laserstrahl wird dafür in viele Teilstrahlen zerlegt. Für jeden Teilstrahl wird anschließend die Tiefe bestimmt, ab der die Schwellfluenz für den Abtrag unterschritten wird. Durch integrale Betrachtung über die gesamte Bohrungsfläche wird so die asymptotische Bohrungsform bestimmt. Das Modell berücksichtigt dabei keine Mehrfachreflexionen, bei einem entsprechenden Vergleich mit experimentellen Ergebnissen sollte dies berücksichtigt werden. Die winkelabhängige Absorption wird in dem Modell mithilfe von Formel 3.12 und 3.13 aus Unterabschnitt 3.3.1 beschrieben, wobei der komplexe Brechungsindex für Eisen aus Bild 6 verwendet wird. Neben der Schwellfluenz ist dies der einzige Wert im Modell, der experimentell bestimmt wird. Die verwendeten Versuchsparameter sind an die Experimente im nächsten Abschnitt angepasst.

In Bild 56 wird der über das Modell berechnete asymptotische Bohrwandwinkel als Funktion der Fluenz dargestellt. Der Graph zeigt zudem eine Fit-Funktion für den Verlauf des Modells und die asymptotischen Werte, die aus den anschließend erläuterten Experimenten gewonnen werden. Auch für Fluenzen von mehreren 100 J/cm² wird auf Grundlage des Modells weiterhin ein Bohrwandwinkel von 2° kaum unterschritten. Bei kleinen Fluenzen überschätzt das Modell den gemessenen Bohrwandwinkel. Die Experimente zeigen ein Minimum bei ~100 J/cm² und einen erneuten Anstieg für höhere Fluenzen. Die Begründung für den erneuten Anstieg bei hohen Fluenzen wird im nächsten Abschnitt gegeben.

Bild 56: Berechnung des asymptotischen Bohrwandwinkels als Funktion der Fluenz mit Fit-Funktion und Vergleich mit den experimentell erhaltenen Werten für Edelstahl w_0= 15 µm t_p= 2 ps

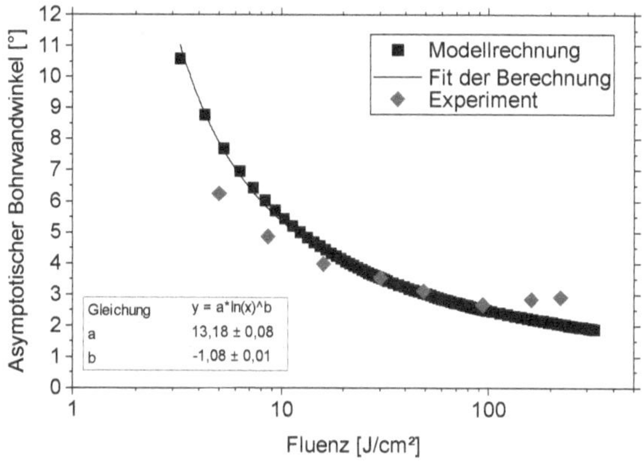

Bohrwandwinkel: Experiment

Die zuvor theoretisch bestimmten Werte des asymptotischen Bohrwandwinkels werden nun mit experimentellen Untersuchungen verglichen. Außerdem wird über die Experimente eine Abschätzung durchgeführt, wie Verlauf und Zeitskala bis zur Annäherung an die Asymptote aussehen. Dies ist mit der Simulation aufgrund der Herangehensweise nicht möglich. Zur Bestimmung des relativen Bohrwandwinkels werden Bohrungen mit Durchmesser von 500 µm in 500 µm dicken Edelstahl mittels scannenden Vollabtrag ohne Anstellwinkel der Laserstrahlung eingebracht. Bei dem verwendeten optischen Setup wird ein Fokusdurchmesser von Ø30 µm erzeugt, wodurch Fluenzen von mehreren hundert J/cm² erreicht werden. Die Auswahl des optischen Setups orientiert sich dabei an den zuvor vorgestellten Randbedingungen zur Herstellung der Zielbohrungsgeometrie. Durch die Wahl der Materialdicke von 500 µm wird aufgrund des Aspektverhältnisses der Bohrung von eins noch kein signifikanter Einfluss von Mehrfachreflexionen auf die Versuchsergebnisse erwartet. Die

Auswirkungen von Mehrfachreflexionen auf die Bohrungsform bei tiefen Bohrungen werden im weiteren Verlauf des Kapitels noch abgeschätzt. Außerdem ist die Rayleighlänge (z_r= 460 µm) in der gleichen Größenordnung wie die Materialdicke, wodurch ähnliche Laserstrahlparameter entlang der Bohrungswand anliegen. Die Repetitionsrate und der Pulsüberlapp sind außerdem gering, um Wärmeakkumulation und Puls-zu-Puls Wechselwirkungen auszuschließen. Der Bohrwandwinkel wird dann über das Verhältnis von Eintritt- und Austrittsdurchmesser bestimmt.

Bild 57: Bohrwandwinkel für unterschiedliche Fluenzen als Funktion der Repeats der Spiralabfahrten für Edelstahl. Die Fits basieren auf Gleichung 7.1 mit B= -2,145 w_0= 15 µm t_p= 2 ps f= 10 kHz v_{scan}= 200 mm/s

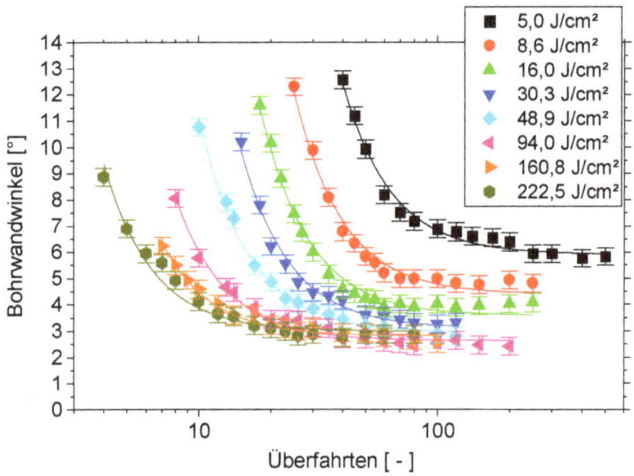

Tabelle 3: Asymptotischer Bohrwandwinkel y_0 und Zeitkonstante A für unterschiedliche Fluenzen aus dem Fit der experimentellen Ergebnisse nach Gleichung 7.1 für B= -2,145

Fluenz [J/cm²]	Asymptote y_0 [°]	Zeitkonstante A [-]
5,0	5,91 ± 0,09	17827 ± 589
8,6	4,38 ± 0,10	7679 ± 273
16,0	3,57 ± 0,08	3897 ± 105
30,3	3,11 ± 0,09	2244 ± 77
48,9	2,96 ± 0,07	1138 ± 26
94,0	2,63 ± 0,05	473,0 ± 15
160,8	2,80 ± 0,05	231,5 ± 7,6
222,5	2,98 ± 0,09	124,3 ± 5,5

In Bild 57 ist der Verlauf des Bohrwandwinkels als Funktion der Anzahl der Überfahrten x für verschiedene Fluenzen aufgetragen. Die einzelnen Verläufe werden über eine Funktion der Form

7.1
$$\beta(x) = y_0 + A * x^B$$

gefittet. Dabei ist y_0 der asymptotische Wert, der in Bild 56 eingetragen ist und A die Zeitkonstante, welche die charakteristische Zeit zur Annäherung an die Asymptote beschreibt. Die Variable B definiert den Verlauf des Bohrwandwinkels als Funktion der Überfahrten und wird in einem ersten Fit für jede Fluenz einzeln bestimmt. Für die in Bild 57 gezeigten Fit-Funktionen wird dann der Mittelwert der Variablen B als Konstante für alle Fluenzen gesetzt, um einen direkten Vergleich der Zeitkonstante A für verschiedene Fluenzen zu ermöglichen. Die relevanten Ergebnisse aus den Fit-Funktionen sind außerdem in Tabelle 3 aufgelistet.

Mit steigender Fluenz sinkt sowohl der erreichbare asymptotische Bohrwandwinkel als auch die charakteristische Zeitkonstante. Der Verlauf kann für die unterschiedlichen Fluenzen sehr gut mit der Fitfunktion abgebildet werden. Die Verringerung der Absorption an der Bohrungswand für Bohrwandwinkel unterhalb von 5° wie in Bild 6 dargestellt hat keine signifikante Auswirkung auf den Verlauf des Bohrwandwinkels in diesem Bereich. Beim asymptotischen Bohrwandwinkel wird in der Größenordnung von 100 J/cm² wie zuvor beschrieben ein Minimum erhalten. Dies entspricht bei einer Pulsdauer von 2 ps dem Intensitätsschwellwert, ab dem ein Luftdurchbruch und *Conical Emissions* auftreten, wie in den Einzelpulsabtrag Versuchen in Bild 23 gezeigt wird. Die das Werkstück erreichende Fluenz bleibt ab 100 J/cm² für höhere Fluenzen erstmal konstant, weshalb auch der asymptotische Bohrwandwinkel ungefähr konstant bleibt. Allerdings führen die *Conical Emissions* zu einer Streuung der Laserstrahlung. Dadurch wird der Eintritt aufgeweitet, wodurch der erneute Anstieg des asymptotischen Bohrwandwinkels erklärt wird. Da der aus dem Zentrum herausgestreute Strahlungsanteil aber weiterhin zum Abtrag zur Verfügung steht, sinkt die Zeitkonstante weiter.

Bild 58: Zeitkonstante A für Versuche mit dem Scanner und der Tiefbohroptik mit gemeinsamen Fit als Funktion der Fluenz

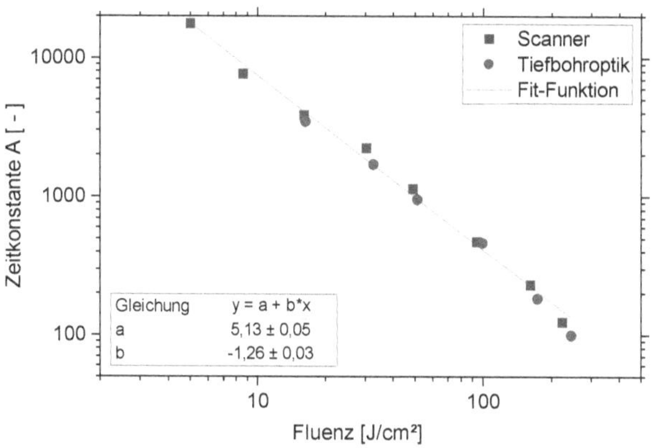

Die Zeitkonstante kann ihrerseits nun als Funktion der Fluenz aufgetragen werden, siehe Bild 58. Im Graphen sind zusätzlich die Werte eingetragen, die bei der Durchführung der gleichen Experimente mit der entwickelten Tiefbohroptik ermittelt wurden. Durch die Abhängigkeit des Auslenkwinkels der Laserstrahlung vom Abstand zur Mittelachse bei der

Tiefbohroptik ändert sich der lokale relative Bohrwandwinkel während des flächigen Abtrags. Dies erzeugt aber, wie in dem Graph zu erkennen, keinen Unterschied bei der Zeitkonstante. Da die Zeitkonstante eine charakteristische Zeit für das Erreichen eines Bohrwandwinkels wiedergibt, kann somit der Einfluss der Fluenz auf die Produktivität beim Bohren dargestellt werden. Anhand der Fitfunktion zeigt sich, dass die Aufweitung der Bohrung proportional zu $Fluenz^{-1,26}$ ist. Eine Erhöhung der Fluenz über den Schwellwert von ~100 J/cm² ist daher in einem gewissen Rahmen zur Erhöhung der Bohrgeschwindigkeit möglich. Die Grenze ist erreicht, wenn die Erhöhung des asymptotischen Bohrwandwinkels durch *Conical Emissions* den Produktivitätsgewinn durch eine höhere Fluenz überkompensiert oder negative Einflüsse der *Conical Emissions* auf die Bohrungsform sichtbar werden.

7.3.3 Auslegung optisches Setup

Auf Grundlage der zuvor diskutierten geometrischen Randbedingungen zur Einkopplung der konvergenten Laserstrahlung in die Bohrung und der Abhängigkeit zwischen erreichbarem Bohrwandwinkel und Fluenz kann nun ein an die Zielbohrungsgeometrie und die Laserstrahlquelle angepasstes optisches Setup bestimmt werden. Prinzipiell wird eine hohe Fluenz und ein hoher Anstellwinkel der Laserstrahlung angestrebt, damit bereits bei einem großen relativen Bohrwandwinkel eine senkrechte Bohrungswand erzeugt wird. Jedoch stehen diese über die geometrischen Randbedingungen und der Verknüpfung von Fluenz und asymptotischen Bohrwandwinkel in einer nichtlinearen Abhängigkeit zueinander. Zum Beispiel muss für eine Erhöhung des Anstellwinkels auch der Fokusdurchmesser vergrößert werden, um den Durchmesser der Laserstrahlung an dem Bohrungseintritt zu verringern und so eine Abschirmung der Laserstrahlung zu vermeiden. Dadurch wiederum verringert sich aber die erreichbare Fluenz. Für gegebene Laser- und Bohrungsparameter kann daher der asymptotische Bohrwandwinkel bestimmt werden, welcher der Differenz aus dem relativen asymptotischen Bohrwandwinkel und Anstellwinkel der Laserstrahlung entspricht. Nur

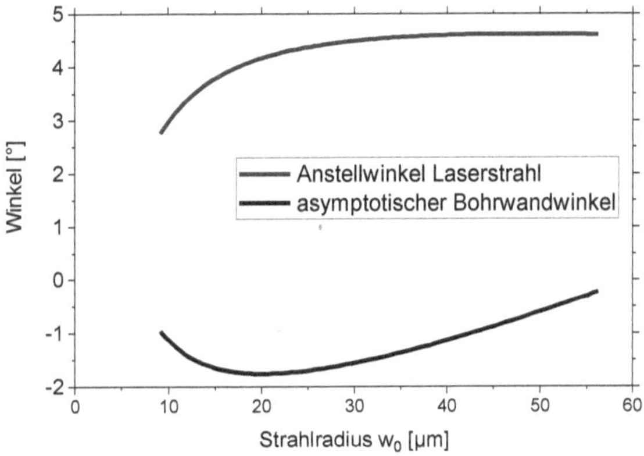

Bild 59: Anstellwinkel und asymptotischer Bohrwandwinkel als Funktion des Strahlradius, mit denen die Zielbohrungsgeometrie (Ø500 µm, t=5mm) erreicht werden kann. Negative Werte des Bohrwandwinkels entsprechen einer negativ konischen Bohrung. Berechnungen auf Basis einer Laserstrahlquelle mit λ= 1030 nm E_p= 800 µJ M^2= 1,4

wenn der asymptotische Bohrwandwinkel negativ ist, können zylindrische Bohrungen erreicht werden. Je kleiner der erreichbare asymptotische Bohrwandwinkel ist, desto schneller können zylindrische Bohrungen erhalten werden, da der Zeitaufwand exponentiell bei Annäherung an den asymptotischen Bohrwandwinkel ansteigt (siehe Gleichung 7.1).

In Bild 59 wird am Beispiel der Zielbohrungsgeometrie (Ø500 µm, t=5 mm) und der verfügbaren Strahlquelle der asymptotische Bohrwandwinkel beim maximalen Anstellwinkel der Laserstrahlung als Funktion des Strahlradius w_0 dargestellt. Das dazugehörige Berechnungsprogramm ist im Anhang dargestellt. Als Grundlage werden die Berechnungen und Fit-Funktionen aus dem Unterabschnitt 7.3.2 verwendet. Allgemein ist ein deutlich negativer asymptotischer Bohrwandwinkel erwünscht, da dort eine senkrechte Bohrungswand am schnellsten erreicht wird. Dies wird eher mit kleinen Strahlradien erreicht. Allerdings wird mit steigendem Strahlradius bei gleichem Pulsüberlapp und Bohrzeit eine größere Fläche abgefahren. Dies führt zu einer höheren Abtragrate und damit zu einer geringeren Bohrdauer. Hier sind allerdings noch weitere Untersuchungen notwendig, da noch nicht klar ist, wie sich ein deutlich größerer Spotdurchmesser auf die Einstellung des Bohrwandwinkels auswirkt.

7.3.4 Abschätzung maximal erreichbares Aspektverhältnis

Das Auslegungsprogramm für die Tiefbohroptik kann ebenfalls dazu verwendet werden, eine vereinfachte Abschätzung der Abhängigkeit des maximal erreichbaren Aspektverhältnisses als Funktion der Pulsenergie und der verwendeten Wellenlänge zu erhalten. Im Graph in Bild 60 ist das geometrisch maximal erreichbare Aspektverhältnis einer Bohrung als Funktion von der Pulsenergie und der Wellenlänge der Strahlquelle dargestellt. Die Verläufe sind für einen Bohrungsdurchmesser von 500 µm bestimmt. Andere Bohrungsdurchmesser führen zu anderen Werten. Der Einfluss ist jedoch gering, wie der grau hinterlegte Bereich zeigt, der die Ergebnisse bei Bohrungsdurchmessern von 300 µm – 100 µm darstellt. Das real erreichbare Aspektverhältnis kann durch *Conical Emissions* oder Abtrag unterhalb der Fokusebene noch etwas vergrößert werden, die theoretische Berechnung bietet aber bereits eine gute Abschätzung für die Abhängigkeiten. Wie im Graph gezeigt ist, wird mit steigender Pulsenergie und kürzerer Wellenlänge ein höheres Aspektverhältnis erreicht. Die Abhängigkeit ist jedoch in beiden Fällen gering. Für eine Steigerung der Pulsenergie um eine Größenordnung wird eine Erhöhung des Aspektverhältnisses von ca. 4,5 erreicht. Auch die Verwendung von kürzeren Wellenlängen ermöglicht nur eine Erhöhung des Aspektverhältnisses um drei für den Wechsel auf 515 nm und um weitere zwei auf 343 nm. Wird allerdings auch die verwendete Fluenz betrachtet, ergibt sich ein interessantes Ergebnis. Bei der vereinfachten Annahme, dass der Luftdurchbruch ab einer gewissen Fluenz einen negativen Einfluss auf die Bohrungserstellung hat und diese Grenzfluenz unabhängig von der Wellenlänge ist, erzeugt die Verwendung kürzerer Wellenlängen fast keinen Vorteil mehr. Im Graph in Bild 60 wird beispielhaft für eine Grenzfluenz von 200 J/cm² die maximalen Aspektverhältnisse für die drei Wellenlängen bestimmt, die alle bei ca. 17 liegen und für kürzere Wellenlängen nur minimal höher sind. Allerdings wird für das Erreichen des maximalen Aspektverhältnisses bei kleineren Wellenlängen deutlich weniger Pulsenergie benötigt. Diese Differenz ist größer als die Konversionsverluste bei der Erzeugung kürzerer

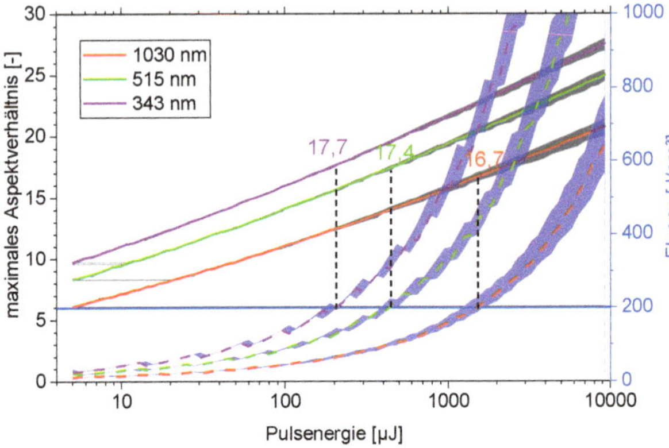

Bild 60: Berechnung des maximal erreichbarem Aspektverhältnisses und der dazugehörigen Fluenz als Funktion der Pulsenergie und Wellenlänge für 500 µm Bohrungsdurchmesser. Aspektverhältnis: Durchgehende Linie, grau hinterlegt. Fluenz: Gestrichelte Linie, blau hinterlegt. Die eingefärbte Fläche gibt jeweils den Bereich an, der für Bohrungsdurchmesser zwischen 300 – 1000 µm berechnet wird. M^2= 1,2

Wellenlängen. Daher kann bei begrenzter Verfügbarkeit von Pulsenergie die Verkürzung der Wellenlänge helfen, tiefere Bohrungen zu erzeugen.

Die Abschätzung gilt für Bohrungsdurchmesser größer ca. 200 µm. Bei kleineren Bohrungsdurchmessern ist eine vollständige Einkopplung der Laserstrahlung in die Bohrung nicht mehr möglich. Hinsichtlich großen Bohrungsdurchmessern existieren abgesehen von den hohen Bohrzeiten keine Limitationen. Für die in dieser Arbeit verwendete Laserstrahlquelle wird ein maximal erreichbares Aspektverhältnis von ca. 15 aus dem Graph bestimmt. Daher wird die Zielgeometrie mit einem Bohrungsdurchmesser von 500 µm und einem Aspektverhältnis von 10 mit dem vorgestellten Konzept erreicht.

7.3.5 Einfluss Pulsdauer

Neben dem Einfluss auf die Abtrageffizienz hat die Pulsdauer auch einen Einfluss auf die Aufweitung der Bohrung. Dies ist in Bild 61 am Beispiel des Eintrittsdurchmessers gezeigt. Die Messungen werden nach sehr langen Prozesszeiten durchgeführt, sodass der Bohrungseintritt bereits voll ausgeformt ist. Außerdem wird für diese Versuchsreihe eine reduzierte Pulsenergie verwendet, sodass die Fluenz 100 J/cm² nicht wesentlich überschritten wird. Bis zu dieser Fluenz entspricht der gemessene asymptotischen Bohrwandwinkel noch der Berechnung. Hier wird noch kein deutlicher Einfluss des Luftdurchbruchs und der *Conical Emissions* auf das Bohrresultat vermutet. Für eine Erhöhung der Pulsdauer von 2 ps auf 20 ps vergrößert sich der Bohrungseintritt bei Nutzung eines Crossjets um ~50 µm, während ohne Crossjet die Erhöhung bei ~180 µm liegt. Für die niedrigste Pulsdauer von 2 ps wird allerdings keine Auswirkung des Crossjets auf den Eintrittsdurchmesser beobachtet. Ab einer Pulsdauer in der Größenordnung von ~5 ps wird wie bereits erwähnt die Interaktion des Pulses mit dem durch den Puls erzeugten Plasma deutlich stärker. Durch den Einsatz

Bild 61:
Aufweitung des Eintrittsdurchmessers mit und ohne Crossjet als Funktion der Pulsdauer in 0,5 mm Edelstahl
F= 113 J/cm²
w_0= 14,5 µm
f= 20 kHz
$t_{Prozess}$= 300 s

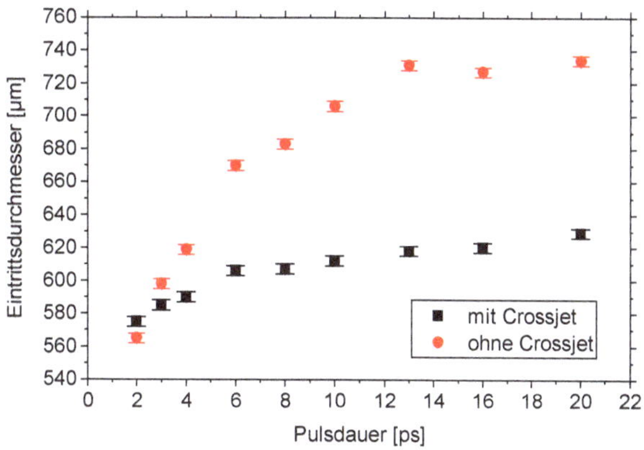

Bild 62:
Aufnahme von den Eintrittsdurchmessern bei 2 ps und 20 ps und mit und ohne Prozessgas in 0,5 mm Edelstahl
F= 113 J/cm²
w_0= 14,5 µm
f_{rep}= 20 kHz
$t_{Prozess}$= 300 s

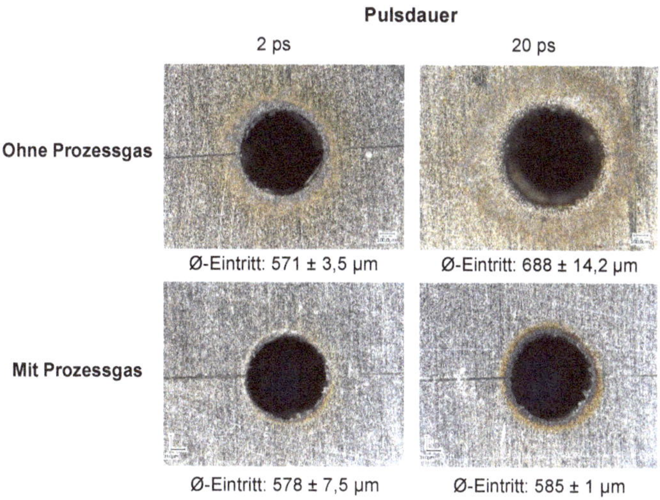

eines Crossjets wird nun die Anzahl an Abtragpartikeln oberhalb der Bohrung verringert, welche sonst vermutlich die Bildung von Plasmen begünstigen und verstärken und damit die Streuung des Laserpulses erhöhen.

Auf Grundlage der hier dargestellten Ergebnisse führt bereits eine Pulsdauer größer 2 ps zu einer Zunahme der Interaktion. Dass bei den höheren Pulsdauern eine signifikante Zunahme der Streuung auftritt, bestätigt sich auch bei Betrachtung von Bild 62. Hier werden Aufnahmen der Bohrungseintritte für 2 ps und 20 ps mit und ohne Crossjet gegenübergestellt. Insbesondere bei den Bohrungseintritten ohne Prozessgas ist eine deutliche Vergrößerung der modifizierten Fläche um die Bohrung herum zu erkennen, die durch Streuung entsteht. Auch die hohe Standardabweichung des Bohrungsdurchmessers in diesem Fall unterstützt die Vermutung, dass hier Streuvorgänge durch nichtlineare Effekte wie *Conical Emissions* zur Aufweitung führen.

7.4 Tiefbohroptik

Das in dieser Arbeit entwickelte und vorgestellte Verfahren zum Tiefbohren ermöglicht einen Vollabtrag des Bohrlochquerschnitts bei Anstellung der Laserstrahlung mit einem stationären Taumelpunkt. Technische Systeme zur Strahlanstellung existieren auch bereits seit vielen Jahren im Bereich der Herstellung von Mikrobohrungen mittels UKP-Laserstrahlung auf dem Markt, wie bereits in Abschnitt 0 vorgestellt. Diese sind allerdings nicht für die Herstellung von großen und tiefen Bohrungen ausgelegt und daher häufig nicht für hohe Pulsenergien und große mittlere Leistungen oder großen Bohrlochdurchmessern geeignet. Auch ein flächiger Abtrag des Bohrungsquerschnitts mit hohen Geschwindigkeiten ist häufig mit verfügbaren Wendelbohroptiken nicht möglich. Daher wird eine speziell für das Tiefbohren entwickelte Tiefbohroptik vorgestellt, mit der alle Anforderungen des Tiefbohrverfahrens mit einem einfachen und günstigen Aufbau umgesetzt werden können. Zusätzlich ermöglicht die Tiefbohroptik eine größere Dynamik bei der Strahlablenkung im Vergleich zu verfügbaren Wendelbohroptiken, was vorteilhaft für die Deponierung höherer mittlerer Leistungen ist und die Produktivität erhöht.

7.4.1 Aufbau Tiefbohroptik

Der prinzipielle Aufbau des optischen Systems wird im Folgenden vorgestellt und ist in Bild 63 schematisch und als Prototyp dargestellt. Die Tiefbohroptik besteht aus einer Strahlablenkungseinheit wie einem Galvanometerscanner und anschließend aus einem Aufbau aus zwei Linsensystemen. Die beiden Linsensysteme bilden, vereinfacht gesagt, eine Relay-Optik mit einem Zwischenfokus zwischen den Optiken. Das zweite Linsensystem kombiniert die zweite Linse der Relay-Optik und die Fokussierlinse in einem Linsensystem. Zusätzlich ist die Distanz zwischen Galvanometerscanner und erstem Linsensystem im Vergleich zu einer klassischen Relay-Optik verkürzt. Diese beiden Besonderheiten führen dazu, dass die Auslenkung des Laserstrahls im Scanner in der Fokusebene sowohl in eine Auslenkung als auch eine Verkippung des Laserstrahls erreicht wird. Dieser Anstellwinkel ist zudem deutlich größer als der Anstellwinkel des Scanners. Außerdem ist der Taumelpunkt stationär und

Bild 63: Prinzipskizze der entwickelten Tiefbohroptik mit drei beispielhaften Strahlverläufen und Prototyp der Tiefbohroptik im Vergleich

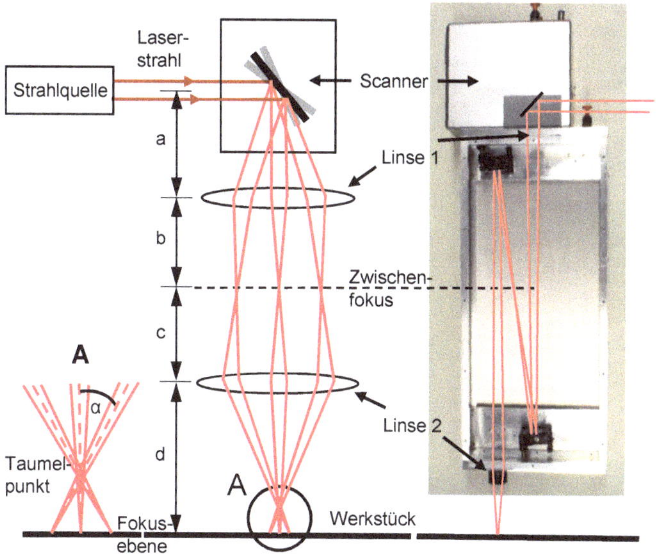

oberhalb der Fokusebene, wodurch die Einkopplung der Laserstrahlung in die Bohrung ermöglicht wird. Durch eine $\lambda/4$-Platte wird eine zirkulare Polarisation eingestellt, um einen gleichmäßigen Abtrag über den Bohrlochumfang zu gewährleisten [NOLT99, S.563].

7.4.2 Prozessparameter

Als Scanstrategie werden die in Abschnitt 4.4 beschriebenen, verdrehten Spiralen verwendet. Die zugehörigen Parameter sind in Tabelle 4 aufgelistet. Die Optik- und Prozess-Parameter der in dieser Arbeit im Detail untersuchten Tiefbohroptik sind in Tabelle 5 angegeben und orientieren sich an die für die Herstellung der Zielbohrungsgeometrie benötigten Parameter. Neben dem Standardwert sind auch die Varianten des optischen Aufbaus angegeben, die in den folgenden Untersuchungen benutzt werden. Sofern nicht anders angegeben, werden in allen Untersuchungen die Standardwerte verwendet.

Tabelle 4: Überblick der verwendeten Spiralparameter für die nachfolgenden Versuche, sofern nicht anders angegeben

Parameter	Wert
Spiralaußendurchmesser $\varnothing_{außen}$	Ø500 µm
Spiralinnendurchmesser $\varnothing_{innen}$	Ø25 µm
Spiralarmabstand $pitch$	30 µm
Verdrehwinkel Spiralen γ	108°

Tabelle 5: Auflistung der Standardwerte und Varianten der Optik- und Prozess-Parameter für die in diesem Kapitel durchgeführten Untersuchungen

Dimension	Standardwert	Varianten
Pulsenergie E_p	850 µJ	-
Repetitionsrate f	30 kHz	-
Pulsdauer t_p	20 ps	2 – 20 ps
Scangeschwindigkeit v_{scan}	500 mm/s	10 – 2000 mm/s
Rohstrahldurchmesser w	3,5 mm	5 mm
Abstand a	15 mm	-
Abstand b, c	b=c= 500 mm	b= 750 mm; c= 600 mm
Linsensystem 1	f_1= 500 mm	f_1= 750 mm
Linsensystem 2	f_2=250 mm & f_{Foc}= 80 mm	f_2= 500 mm; 400 mm; 300 mm; 200 mm
Bohrungsdurchmesser Ø	500 µm	-
Strahlradius w_0	19,5 µm	22,5 µm; 24 µm
Anstellwinkel (bei Ø500 µm) α	3,24°	2,45°; 3,7°

7.4.3 Charakterisierung

Zusammenhang Fokusdurchmesser und Anstellwinkel

Durch die Nutzung von zwei Linsen im zweiten Linsensystem kann eine Feineinstellung des Fokusdurchmessers durchgeführt werden, die eine detaillierte Einstellung des Anstellwinkels ermöglicht. Der Verlauf des Anstellwinkels und des Fokusdurchmessers als Funktion der Gesamtbrennweite ist in Bild 64 dargestellt und wird mit den berechneten Verläufen verglichen. Die Berechnungen basieren auf der Betrachtung des Strahlengangs mittels geometrischer Optik. Durch eine Verringerung des Fokusdurchmessers von 20% über Vorfokussierung kann der Anstellwinkel um den Faktor 1,5 erhöht werden. Dieser Faktor entspricht auch dem Anstieg der Fluenz durch die Verringerung des Fokusdurchmessers. Durch die Vorfokussierung verringert sich jedoch auch der Arbeitsabstand zwischen Linse und Werkstück in gleicher Relation wie der Fokusdurchmesser. Dieser darf aufgrund der Integrierbarkeit einer Prozessgasdüse nicht zu kurz werden. Bei dem in Bild 64 verwendeten optischen Setup kann die konvergente Laserstrahlung bei einer Gesamtbrennweite von unter 70 mm nicht mehr komplett in die Zielbohrungsgeometrie eingekoppelt werden. Um auch hohe Anstellwinkel bis 3,5° testen zu können, wird für die folgenden Versuche ein Teleskop in den Strahlengang gesetzt. Dieses verkleinert den Rohstrahldurchmesser um den Faktor $\sqrt{2}$ und verringert somit den Divergenzwinkel der Laserstrahlung nach der Fokussierung.

Bild 64:
Anstellwinkel und Fokusdurchmesser in Abhängigkeit der Gesamtbrennweite

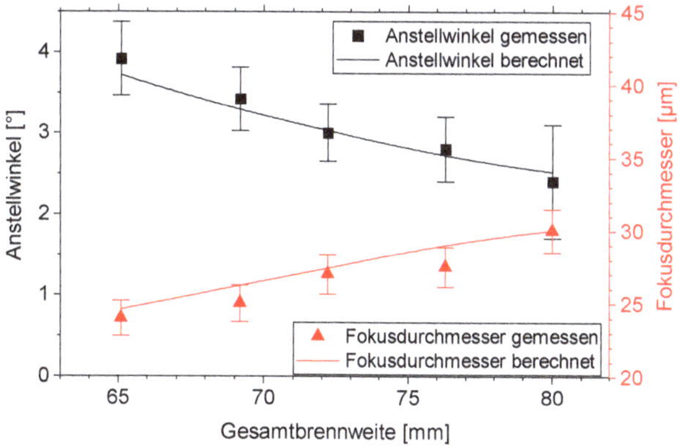

Einfluss Fokusdurchmesser und Anstellwinkel

Für die ersten Bohrversuche werden drei optische Setups untersucht, die unterschiedliche Anstellwinkel und Fokusdurchmesser aufweisen. Die optischen Setups sind dabei so ausgelegt, dass Anstellwinkel und Strahlradius nicht antiproportional zueinander sind. Damit kann bei den Experimenten unterschieden werden, ob Anstellwinkel oder Strahlradius der Haupteinflussparameter für das beobachtete Verhalten ist. Die Parameter sind in Tabelle 6 zusammengefasst. Für die Kombination des Linsensystems 750 - 250 wird der Abstand zwischen den beiden Linsensystemen auf 1350 mm erhöht. Bei Verwendung einer Pulsenergie von E_p= 850 µJ werden dabei Fluenzen in der Größenordnung von 100 J/cm² erreicht, bei der nach den Erkenntnissen aus Bild 56 der geringste Bohrwandwinkel erreicht wird.

Tabelle 6:
Eigenschaften der drei näher untersuchten optischen Setups

Brennweiten Linsensystem [mm]	Arbeits-abstand [mm]	Anstellwinkel α [°]	Strahlradius w_0 [µm]	Fluenz [J/cm²]
500 - 500	78,0	2,45	22,5	107
500 - 250	68,7	3,24	19,5	142
750 - 250	67,1	3,7	24	94

In Bild 65 wird die erreichte Bohrtiefe für die drei vorgestellten optischen Setups als Funktion der Prozesszeit bei Fokuslage auf der Bauteiloberfläche gezeigt. In den ersten 50 s Prozesszeit wird mit allen optischen Setups bereits eine Bohrtiefe von 2 mm erreicht. Anschließend fällt der Bohrfortschritt stark ab, ein Durchbruch wird für nur für das Setup mit w_0= 22,5 µm und α= 2,45° nach etwas über 500 s erreicht. Die Kombination aus einem großen Fokusdurchmesser und damit geringerer Divergenz und dem kleinen Anstellwinkel ist vermutlich der Grund, dass dieses optische Setup die tiefste Bohrung bei langen Bohrzeiten erzeugt.

Das System mit w_0= 24 µm und α= 3,7° erzeugt zwar einen noch größeren Fokusdurchmesser, allerdings ist der Anstellwinkel um den Faktor 1,5 höher. Die führt dazu, dass die Laserstrahlung im Mittel in einer geringeren Bohrtiefe und unter einem steileren Winkel von der Bohrungswand absorbiert und reflektiert wird. Insgesamt erreicht so ein kleinerer Anteil der Laserstrahlung die Bohrungsspitze und der Bohrfortschritt bei großen Tiefen ist damit geringer.

Bei den nachfolgenden Versuchen, in denen auch eine Fokusnachfahrt durchgeführt wird, wird ein Verlauf wie bei den ersten 2 mm Bohrtiefe über die gesamte Bauteildicke erwartet. Eine Durchgangsbohrung würde dann innerhalb von 100 s erstellt werden können, wie die Abschätzung bei Extrapolation des Bohrfortschritts in Bild 65 zeigt (grüne Linie).

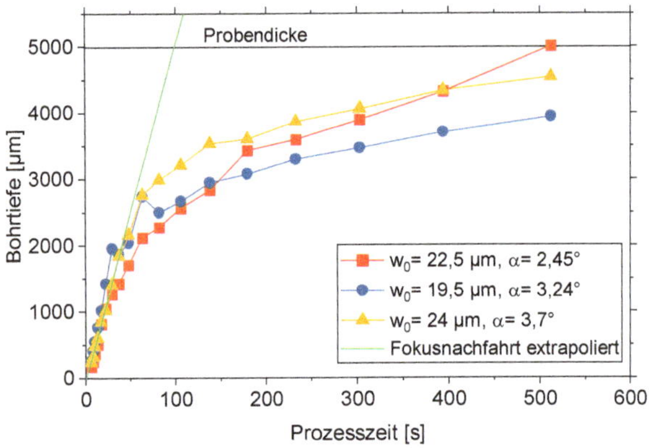

Bild 65: Verlauf der Bohrtiefe für die drei betrachteten optischen Setups über die Prozesszeit

In Bild 66 wird ein Längsschliff der Bohrevolution dargestellt, welcher für den vorherigen Graph ausgewertet wurde. In den ersten 10 s Prozesszeit wird noch ein in erster Näherung flächiger Abtrag aufrechterhalten. Zudem werden die einzelnen Scanpfade im Bohrgrund erkannt. Sobald ein Aspektverhältnis von 1 deutlich überschritten ist, bildet sich eine Bohrungsspitze aus. Durch die Reflexion eines Teils der Laserstrahlung an der Bohrungswand liegt eine erhöhte gemittelte Intensität der Laserstrahlung in der Bohrungsmitte vor, die dann zur Ausbildung der Bohrungsspitze führt. Anschließend verändert sich der zulaufende Bereich der Bohrung nicht mehr. Mit steigender Prozesszeit verlängert sich dann der Bereich der Bohrung mit näherungsweise senkrechten Bohrwänden. Außerdem weitet sich der Eintrittsdurchmesser über die Prozesszeit auf, wenn der Fokusdurchmesser auf der Oberfläche verbleibt. Die verwendete Pulsdauer und der Einsatz eines Prozessgases haben dabei einen signifikanten Einfluss auf die Ausprägung der Aufweitung, wie in Unterabschnitt 7.3.5 gezeigt wurde.

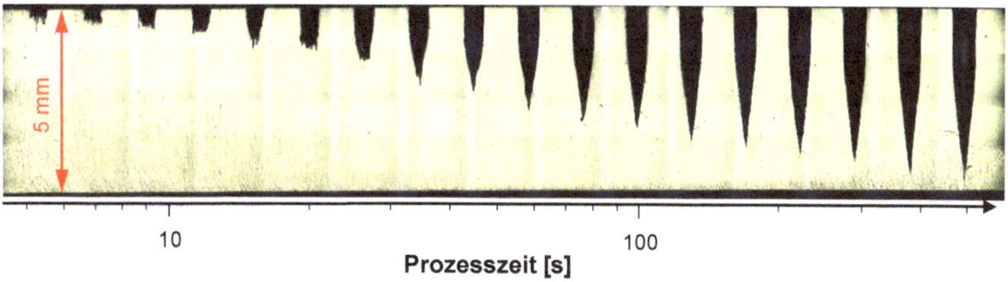

Bild 66: Längsschliff der Bohrlochevolution für das Setup mit w_0= 24 µm und α= 3,7°. Die Bohrtiefe ist als Funktion der Prozesszeit in Bild 65 dargestellt

Einfluss Fokusnachfahrt

Im nächsten Schritt werden die Auswirkungen einer Fokusnachfahrt auf die Bohrungszeit und den Bohrungsdurchmesser bestimmt. Nach einer anfänglichen Wartezeit von 10 s wird die Fokusebene mit konstanter Geschwindigkeit von der Probenoberfläche bis zur Probenunterseite geführt. Die Durchbohrzeiten für die drei optischen Setups als Funktion der Fokusnachfahrtgeschwindigkeit sind dabei in Bild 67 dargestellt. Im Bild 68 werden die dazugehörigen Eintritt- und Austrittdurchmesser dargestellt. Bei einem Anstellwinkel von 2,45° wird bereits bei einer Fokusnachfahrtgeschwindigkeit von 30 µm/s kein Durchbruch mehr erreicht. Hier ist der Anstellwinkel nicht ausreichend, um in der vorhandenen Zeitspanne eine ausreichend steile Bohrungswand zu erzeugen. Bei den anderen beiden optischen Setups kann bis zu einer Fokusnachfahrtgeschwindigkeit von 80 µm/s eine Durchgangsbohrung erzeugt werden. Die dabei erreichte Durchbohrzeit von 70 s ist um einen

Bild 67: Durchbohrzeit der drei optischen Setups und Prozesszeit in Abhängigkeit der Fokusnachfahrtgeschwindigkeit

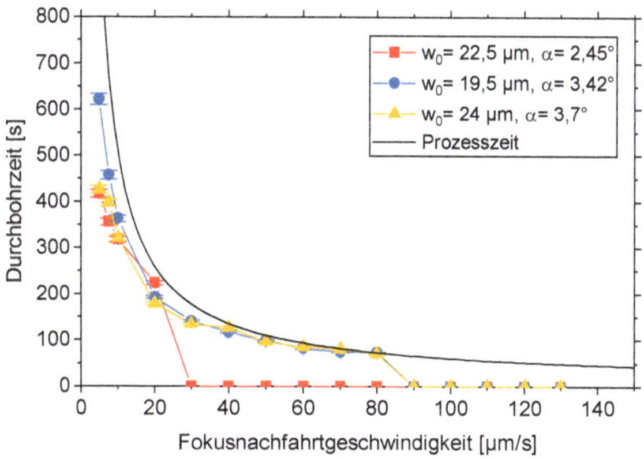

Faktor 7 kürzer verglichen mit einem Prozess ohne Fokusnachfahrt. Die Durchbohrzeit bleibt bis zu diesem Wert über einen langen Bereich kurz unterhalb der Prozesszeit (schwarze Linie).

Diese Untersuchung veranschaulicht den großen Einfluss einer Fokusnachfahrt auf den Abtrag in der Tiefe. Insgesamt kann so ein schnellerer Durchbruch erreicht werden, als auf Grundlage der ersten Versuchsreihe (siehe Bild 65) vermutet wurde. Dadurch wird bestätigt, dass die Abtragrate, die zum Beginn des Bohrprozesses erreicht wird, durch eine Fokusnachfahrt über die komplette Bohrlochtiefe aufrechterhalten werden kann. Für die niedrigsten Fokusnachfahrtgeschwindigkeiten wird für das optische Setup mit dem geringsten Fokusdurchmesser eine deutlich erhöhte Durchbohrzeit festgestellt. Aufgrund der höheren Divergenz verringert sich der Abtrag unterhalb der Fokusebene stärker als in den anderen beiden Fällen. Daher muss die Fokusebene erst tiefer in das Material verschoben werden, bis ein Durchbruch erzielt wird.

Bild 68:
Eintritts- und Austrittsdurchmesser der drei optischen Setups als Funktion der Fokusnachfahrtgeschwindigkeit

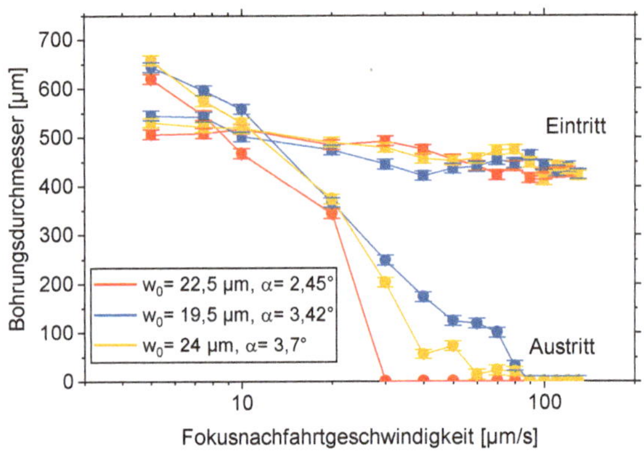

Bei der Betrachtung der Eintritt- und Austrittdurchmesser aus den Versuchen zur Fokusnachfahrt in Bild 68 werden weitere Unterschiede durch die unterschiedlichen Fokusdurchmesser und Anstellwinkel sichtbar. Der Eintrittsdurchmesser bleibt für alle optischen Setups fast gleich und verringert sich leicht für höhere Fokusnachfahrtgeschwindigkeiten, da sich die Fokusebene eine kürzere Zeit im Bohrungseintritt befindet. Beim Austrittsdurchmesser ist jedoch zu erkennen, dass das optische Setup mit dem geringsten Fokusdurchmesser über alle Fokusnachfahrtgeschwindigkeiten zu dem größten Bohrungsaustritt führt, insbesondere bei höheren Werten. Dies liegt an der erhöhten Fluenz, die zu einem schnelleren Aufweiten der Bohrung und somit zu größeren Austrittdurchmessern führt.

Für die Erstellung einer Durchgangsbohrung kann daher zusammengefasst werden, dass das optische Setup w_0= 19,5 µm und **α**= 3,42° von den drei betrachteten Setups am geeignetsten ist. Ein geringerer Anstellwinkel führt bei höheren Fokusnachfahrtgeschwindigkeiten nicht mehr zu einem Durchbruch. Wird der Fokusdurchmesser größer gewählt, wird die Bohrungswand aufgrund der geringeren verfügbaren Fluenz und damit einer geringeren Zeitkonstante langsamer aufgeweitet und führt so final zu einem kleineren Bohrungsaustritt.

Einfluss Scangeschwindigkeit

Der Einfluss der Scangeschwindigkeit wird über die Betrachtung der Durchbohrzeit und des Austrittsdurchmessers untersucht und ist in Bild 69 dargestellt. Der Graph kann in zwei Bereiche aufgeteilt werden. Bis zu einer Scangeschwindigkeit von ca. 100 mm/s ist eine höhere Durchbohrzeit als auch ein kleinerer Austrittsdurchmesser zu beobachten. Insbesondere bei den Scangeschwindigkeiten 20 mm/s, 30 mm/s und 50 mm/s wird ein Durchbruch detektiert, jedoch ist der Austrittsdurchmesser nicht messbar. Die langsame Scangeschwindigkeit führt hier zu einer stärkeren Ausbildung von Gräben entlang der Scanpfade. Diese Gräben führen zu einer geringeren Abtrageffizienz und zu höheren Wärmeverluste. Dadurch sinkt auch die mittlere Abtragrate, wodurch die Durchbohrzeit steigt und der Austrittsdurchmesser sinkt. Für Scangeschwindigkeiten über 200 mm/s wird – im Rahmen der Streuung – kein deutlicher Unterschied mehr bei den beobachteten Scangeschwindigkeiten festgestellt.

Bild 69: Austrittsdurchmesser und Durchbohrzeit als Funktion der Scangeschwindigkeit

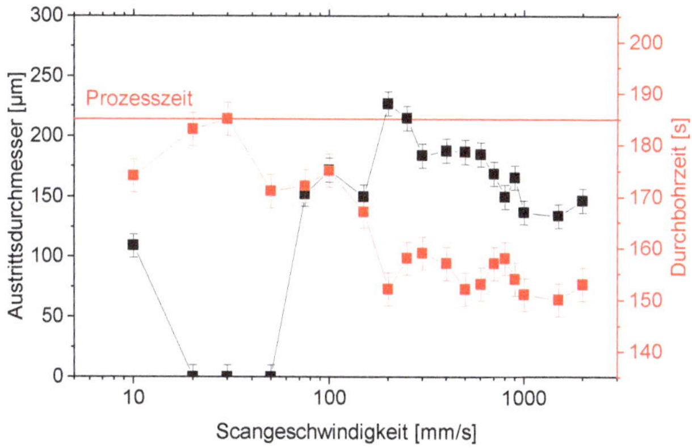

Einfluss Anstellwinkel bei Fokusnachfahrt

Nun werden der Einfluss des Anstellwinkels bei einer Fokusnachfahrt und die Prozessgrenzen noch weiter im Detail untersucht. Dafür wird das optische Setup so angepasst, dass bei gleichem Anstellwinkel ein leicht reduzierter Strahlradius w_0 erreicht wird. Durch die weitere Erhöhung der Fluenz wird die Aufweitung der Bohrung unterstützt. Die Werte des angepassten optischen Setups sind in Tabelle 7 zusammengefasst. Der Einfluss des Anstellwinkels wird jetzt untersucht, indem der Bohrungsdurchmesser und damit der maximale Anstellwinkel variiert wird. Für Spiraldurchmesser von 200 µm - 700 µm wird jeweils eine Variation der

Fokusnachfahrgeschwindigkeit durchgeführt. In Bild 70 wird exemplarisch für den Scandurchmesser von 350 µm ein Längsschliff der Bohrungen gezeigt, die mit steigender Fokusnachfahrgeschwindigkeit erstellt wurden. Bei geringen Fokusnachfahrgeschwindigkeiten entsteht eine negativ konische Bohrung, während für höhere Geschwindigkeiten die Bohrungen erst positiv konisch werden und später kein Durchbruch mehr stattfindet. Je nach Kombination aus Fokusnachfahrgeschwindigkeit und Anstellwinkel können in einigen Fällen sehr spitz zulaufende konische Bohrungen in das Material eingebracht werden, wie auch im Bild 70 auf der rechten Seite zu sehen ist.

Tabelle 7: Angepasstes optisches Setup und Prozessparameter für die nachfolgenden Versuche

Dimension	Wert
Pulsenergie E_p	750 µJ
Pulsdauer t_p	2 ps
Repetitionsrate f	30 kHz
Rohstrahldurchmesser E_p	5 mm
Strahlradius w_0	14,5 µm
Abstand a	15 mm
Abstand b, c	750 mm
Linsensystem 1	f_1= 750 mm
Linsensystem 2	f_2=500 mm & f_{Foc}=80 mm
Anstellwinkel (bei Ø500 µm) α	3,67°

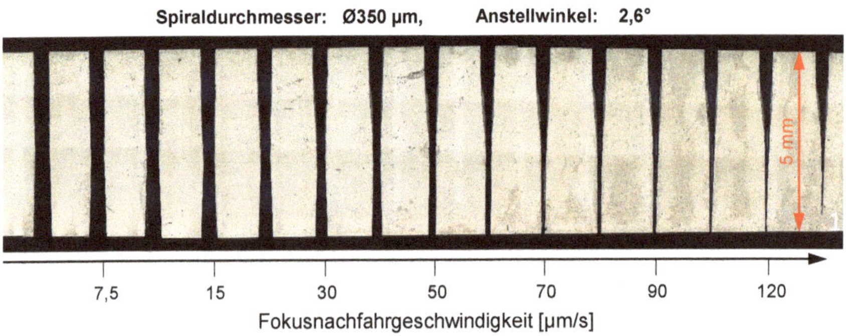

Bild 70: Längsschliff der Bohrungen mit einem Scandurchmesser von Ø350 µm und dazugehörigem Anstellwinkel von 2,6° und unterschiedlichen Fokusnachfahrgeschwindigkeiten

Die Auswertung dieser Versuchsreihe ist in Bild 71 dargestellt. Für jede Bohrung wird auf Grundlage des Eintritts- und Austrittsdurchmessers und des Anstellwinkels der mittlerer relativer Bohrwandwinkel bestimmt. Dieser wird über den volumenspezifischen Energieeintrag aufgetragen, der mittels Prozesszeit und Prozessparameter berechnet wird. Zur Einordnung und zum Vergleich der Ergebnisse sind zusätzlich auch die Messungen von den vorherigen Untersuchungen zur Bestimmung des zeitlichen Verlaufs des relativen Bohrwandwinkels im Graph mit eingetragen (grüne Quadrate).

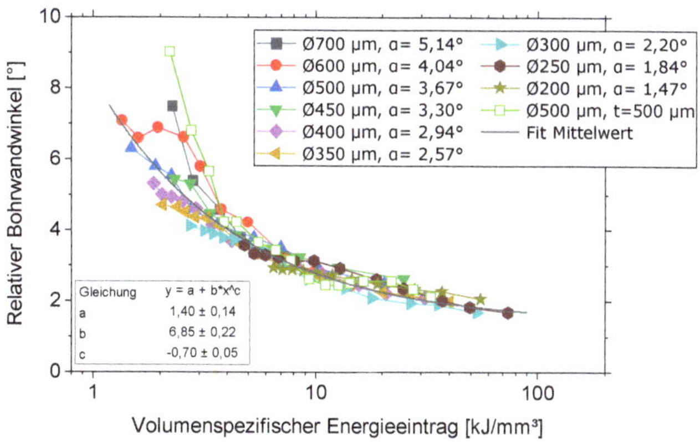

Bild 71: Erreichter relativer Bohrwandwinkel für unterschiedliche Bohrungsdurchmesser als Funktion des volumenspezifischen Energieeintrags t= 5 mm, (0,5 mm)

Mit der Nutzung eines gleichen volumenspezifischen Energieeintrags wird bei allen betrachteten Anstellwinkeln auch der gleiche Relativwinkel erreicht. Denn mit gleicher volumenspezifischer Energie ist die Anzahl an Überfahrten auch identisch, die zur Ausbildung des Bohrwandwinkels führt. Zudem ist der Verlauf über weite Teile mit den Ergebnissen aus den vorherigen Untersuchungen identisch, die mit einer Materialdicke von 0,5 mm durchgeführt wurden (grüne Quadrate). Ein Unterschied ist nur für geringe volumenspezifische Energieeinträge zu erkennen, bei denen bei den 5 mm dicken Proben ein geringerer Relativwinkel erreicht wird. Dies ist auf den Einfluss von Mehrfachreflexionen durch die größere Materialdicke zurückzuführen. Bei den dünnen Materialdicken transmittiert nach dem Durchbruch ein großer Teil der Laserstrahlung ohne Interaktion mit der Bohrungswand durch die Probe, während dieser Anteil bei den dicken Materialdicken weiter in der Tiefe noch auf die Bohrungswand trifft und zu Abtrag führt. Zusätzlich kann in diesem Fall auch der reflektierte Anteil der Laserstrahlung tiefer in der Bohrung noch zu Abtrag führen. Durch den Abtrag mittels defokussierter Laserstrahlung und nach Mehrfachreflexionen wird eine Ausbildung einer konischen Bohrung unterhalb der Fokusebene erreicht. Durch diese Vorkonditionierung erzeugt der anschließende Abtrag in der Nähe der Fokusebene schneller die finale Bohrungsform als bei den dünnen Materialdicken. Bei hohen Energiedichten sind die erreichten Relativwinkel bei beiden Materialdicken jedoch identisch. Das bedeutet, dass die Vorkonditionierung der Bohrung keinen signifikanten Anteil an der benötigten Energiedichte zum Erreichen der finalen Aufweitung der Bohrung in diesem Bereich liefern kann. Die eingebrachte Energiedichte und damit Prozesszeit wird hauptsächlich vom Abtrag in Fokusnähe definiert.

Für sehr hohe Energiedichten deuten die aktuellen Untersuchungen auf einen kleineren erreichbaren Bohrwandwinkel im Vergleich zu den vorherigen Untersuchungen hin. Als Grund für die weitere Reduzierung des Relativwinkels wird das Auftreten von *Conical Emissions* in der Bohrung diskutiert, da diese durch ihren im Vergleich zur Laserstrahlung erhöhten Streuwinkel zu einem weiteren Abtrag und damit Aufweitung führen können. [KAML03, S.309], [KONO01, S.251], [BREI10, S.144]

Bild 72:
Mittlere Abtragrate und Fokusnachfahrtgeschwindigkeit als Funktion des Anstellwinkels für zylindrische Bohrungen, inklusive Berechnung der Wert auf Basis der Fit-Funktion aus Bild 71

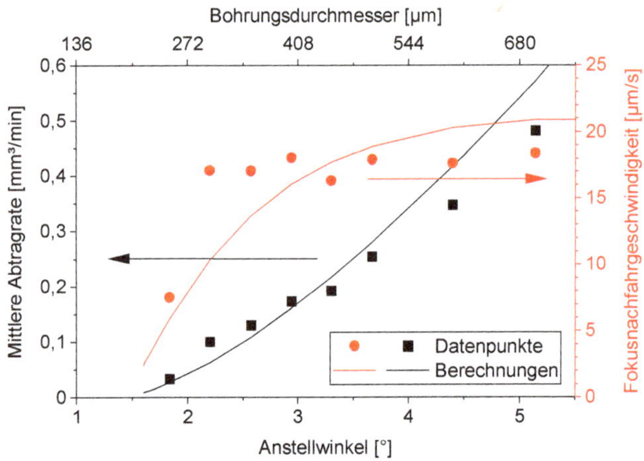

Weitere Erkenntnisse über den Einfluss des Anstellwinkels auf den Bohrprozess können über den Vergleich der Prozessparameter erhalten werden, die zur Erzeugung von zylindrischen Bohrungen führen. Dazu wird im Graph in Bild 72 für die zylindrischen Bohrungen die mittlere Abtragrate und die Fokusnachfahrtgeschwindigkeit als Funktion des Anstellwinkels dargestellt und mit dem Verlauf verglichen, der auf Basis der Fit-Funktion aus Bild 71 berechnet wird. Der Graph zeigt einen unerwarteten Verlauf. Wie zu erkennen ist, bleibt die Fokusnachfahrtgeschwindigkeit und damit die Prozesszeit über alle Datenpunkte zwischen 2° und 5° Anstellwinkel ungefähr konstant. Da der Anstellwinkel proportional zum Bohrungsdurchmesser ist, steigt mit dem Anstellwinkel auch das Abtragvolumen quadratisch an und führt zu dem aufgetragenen deutlichen Anstieg der mittleren Abtragrate. Unter Vernachlässigung des ersten Datenpunkts steigt die mittlere Abtragrate damit um einen Faktor 5 im erwähnten Bereich an. Für die Herstellung einer zylindrischen Bohrung mit 1,84° Anstellwinkel ist die Abtragrate nochmal geringer. Dies ist auch der kleinste verwendbare Anstellwinkel, da hier der Divergenzwinkel der Laserstrahlung erreicht wird und danach ein Teil der Laserstrahlung am Bohrungseintritt abgeschnitten wird. Bei diesem Datenpunkt wird zudem vermutet, dass die finale Aufweitung primär über Mehrfachreflexionen und den

Conical Emissions erreicht wird. Dies sind sekundäre Abtragprozesse, weshalb die Aufweitung hier eine deutlich längere Zeitspanne erfordert.

Mithilfe der Berechnung der Fokusnachfahrgeschwindigkeit auf Basis der Fitfunktion aus dem vorherigen Graph (Bild 71) kann nun erklärt werden, warum die Fokusnachfahrgeschwindigkeit in diesem Bereich ungefähr konstant bleibt. Aus der Fit-Funktion im Bild 71 kann direkt die resultierende Fokusnachfahrgeschwindigkeit für zylindrische Bohrungen berechnet werden, wenn der Relativwinkel gleich dem Anstellwinkel für den jeweiligen Bohrungsdurchmesser gesetzt wird. Der Verlauf nähert sich dabei sehr schnell an ein Plateau bei ca. 20 µm/s an, welches auch bei Extrapolation der Werte bis 10° Anstellwinkel nicht deutlich verlassen wird. Die konstante Fokusnachfahrgeschwindigkeit in diesem Bereich basiert daher auf Zufall, da hier die Abtragrate pro Umlauf mit steigendem Anstellwinkel ungefähr quadratisch steigt und damit die Erhöhung des Abtragvolumens durch den größeren Bohrdurchmesser ausgleicht. Die Berechnung des Abtragvolumens ist direkt aus der berechneten Fokusnachfahrgeschwindigkeit abgeleitet. Da diese auch gut mit den gemessenen Werten übereinstimmen, bestätigt diese Betrachtung auch indirekt die Berechnungen der Fokusnachfahrgeschwindigkeit.

Allerdings wird der Anstieg der Abtragrate für höhere Anstellwinkel (hier ab ca. 5°) nicht mehr im gleichen Maße weitergehen. Die mittlere Abtragrate ist bei dem Bohrprozess primär über die Prozesszeit definiert, die zum finalen Aufweiten der Bohrungswand benötigt wird. Dies entspricht dem Abtrag in Fokusnähe, wie bereits zuvor erörtert wurde. Das erfordert jedoch, dass die Bohrung unterhalb der Fokusebene bereits vorkonditioniert ist. Ab einer gewissen Querschnittsfläche ist diese Voraussetzung nicht mehr gegeben, da nicht mehr genug Energie zur Ausbildung der konisch zulaufenden Spitze unterhalb der Fokusebene vorhanden ist. Für die verwendete Fluenz wird dies bei einem Anstellwinkel von 5° erreicht. Hier sind die Prozesse zur Aufweitung der Bohrung und für den generellen Tiefenabtrag ungefähr gleich schnell, wie bereits bei den Erläuterungen zum vorherigen Graph in Bild 71 erwähnt. Die mittlere Abtragrate wird daher für die gegebenen Prozessparameter auch bei noch größeren zylindrischen Bohrungen im Bereich von 0,5 mm^3/min begrenzt sein.

7.5 Zusammenfassung

Sowohl Perkussionsbohren als auch Trepanieren sind für die Erstellung von tiefen und präzisen Bohrungen mittels UKP-Laserstrahlung nicht geeignet. Bei der Nutzung von hohen mittleren Leistungen können durch die Nutzung dieser beiden Bohrverfahren aber Bohrungen in wenige Millimeter dicke Materialien mit hoher Bohrgeschwindigkeit eingebracht werden. Die Bohrungsqualität ist hier aber schlechter als bei Langpulsprozessen, da die austreibenden Kräfte geringer sind und daher mehr Schmelze in der Bohrung verbleibt. Ein schichtweiser Abtrag mittels Scanner hingegen ermöglicht einen präzisen Abtrag ohne deutliche Schmelzrückstände in mehrere Millimeter Materialdicke. Allerdings bleibt die Bohrung weiterhin konisch.

Für die Erstellung von zylindrischen Bohrungen mit großen Bohrtiefen von 5 mm und mehr wird daher das Tiefbohren und eine entsprechende Tiefbohroptik entwickelt. Die Besonderheiten des Tiefbohrverfahrens liegen im Vollabtrag des Bohrungsquerschnitts unter einem

Anstellwinkel mit konstantem Taumelpunkt und der Fokusnachfahrt bis zur Austrittsebene der Bohrung. Die Tiefbohroptik ermöglicht die zum Tiefbohren geforderte Manipulation der Laserstrahlung in der geforderten Art und Weise mit einem einfachen, günstigen und stabilen Aufbau. Mit dem Tiefbohrverfahren können zylindrische Bohrungen mit einem Durchmesser von mindestens 200 µm mit einem Aspektverhältnis von bis zu 15 produktiv und bis zu 25 mit deutlich geringerer Produktivität mit der gegebenen Laserstrahlquelle erreicht werden. Die Nutzung von Laserstrahlquellen mit kürzerer Wellenlänge oder höherer Pulsenergie können das erreichbare Aspektverhältnis weiter erhöhen. Höhere Fluenzen führen zu geringeren erreichbaren relativen Bohrwandwinkel und einer schnelleren Annäherung an den asymptotischen relativen Bohrwandwinkel und damit einer geringeren Prozesszeit. Das Auftreten von *Conical Emissions* ab 100 J/cm² unterstützt die Aufweitung der Bohrung bis 240 J/cm² noch. Allerdings wird vermutet, dass der Einfluss der *Conical Emissions* für noch höhere Fluenzen ins Negative dreht und beispielsweise zur starken Aufweitung des Eintrittsdurchmessers führt.

Für eine Fluenz von 240 J/cm² bei 2 ps sollte ein Anstellwinkel zwischen Laserstrahlung und Wandwinkel von mindestens 2° angestrebt werden, da unterhalb dieses Winkels die Aufweitung stark verlangsamt abläuft. Als unterste erreichbare Grenze wird in den Experimenten ein Relativwinkel zwischen Wand und Laserstrahlung von 1,8° bestimmt, welches ungefähr dem Divergenzwinkel der Laserstrahlung entspricht. Für kleinere Anstellwinkel wird dann ein Teil der Laserstrahlung am Bohrungseintritt abgeschnitten. Die genannten Winkel sind abhängig von der verwendeten Fluenz, diese Abhängigkeit ist aber gering, wenn mit Fluenzen in der Größenordnung von 100 J/cm² gearbeitet wird.

7.6 Ergebnisse Tiefbohren mittels Tiefbohroptik

Ziel dieser Arbeit ist die Herstellung von zylindrischen Bohrungen mit Ø500 µm Durchmesser und 5 mm Tiefe. Dass diese Geometrie mit der entwickelten Tiefbohrverfahren und der Tiefbohroptik erreichbar ist, wird bereits bei den Untersuchungen in den vorherigen Kapiteln demonstriert. Im Folgenden werden beispielhaft einige Ergebnisse vorgestellt, die das Potential und die Anwendungsmöglichkeiten der entwickelten Tiefbohroptik demonstrieren.

In Bild 73 ist ein Längsschliff einer Bohrung in einem Mehrschichtsystem bestehend aus Wärmedämmschicht, Haftschicht und Grundmaterial (Inconel 792) dargestellt, die in einem 30° Winkel zur Oberfläche eingebracht wurde. Die Bohrungsgeometrie entspricht der am Anfang der Arbeit definierten Zielgeometrie (Ø500 µm in 5 mm Materialdicke), die typisch für die Herstellung von tiefen Kühlluftbohrungen in Turbinenkomponenten ist und bisher nur mit Langpulslasern erzeugt werden konnten. Das Bild zeigt zudem die Aufsicht auf den Bohrungseintritt und Bohrungsaustritt und Nahaufnahmen der Bohrungswand mittels REM. Die Bohrungswand zeigt keinerlei Defekte wie Delaminationsrisse, Schmelzschichten oder Verrundungen am Eintritt. Lediglich im oberen Bereich der Bohrung kann lokal eine dünne Schicht mit maximal 8 µm Dicke an kondensierten Ablationspartikeln beobachtet werden. Diese kann, wenn notwendig, über eine weitere Überfahrt abgetragen werden. Eintritt und Austritt sind scharfkantig. Die Prozesszeit für die Herstellung dieser Bohrungsgeometrie liegt bei 92 s. Allerdings wurden bisher keine Untersuchungen zur Steigerung der Produktivität durchgeführt, kürzere Prozesszeiten sind daher noch erreichbar. In weiteren Untersuchungen wurden diese Bohrungen für Lebensdauerversuche in Probekörper eingebracht und mit konventionell hergestellten Langpulsbohrungen verglichen. Hier hat sich gezeigt, dass die Vermeidung von Defekten in der Bohrung zu deutlich höheren Lebensdauern führt. Je nach Untersuchung und Bohrungsgeometrie wird für die UKP-Bohrungen eine Erhöhung der Lebensdauer um 50 – 100% im Vergleich zu den Langpulsbohrungen festgestellt. [EBRA18, 82- 83]

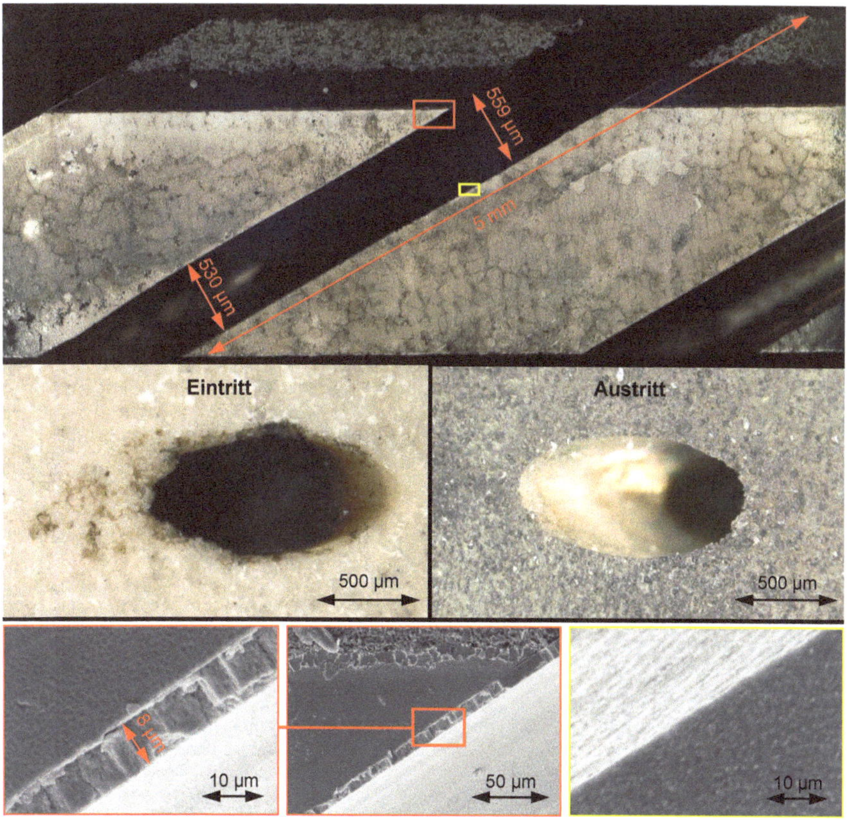

Bild 73: Mikroskop- und REM-Aufnahmen einer mit der Tiefbohroptik hergestellten Bohrung, die im 30° Winkel in ein Mehrschichtsystem (TBC+BC+IN792) eingebracht wurde. Neben dem Längsschliff sind auch die Ein- und Austrittsdurchmesser und Nahaufnahmen der Bohrungswand mit dem REM gezeigt

Bild 74: Längsschliff einer mit der Tiefbohroptik hergestellten Bohrung, die im 20° Winkel in ein Mehrschichtmaterial (TBC+BC+IN792) eingebracht wurde

Die Tiefbohroptik ermöglicht außerdem noch größere Bohrtiefen zu erreichen. In Bild 74 wird der Längsschliff einer Bohrung gezeigt, die im 20° Winkel in das gleiche Mehrschichtsystem eingebracht wurde. Hier wird eine Bohrtiefe von knapp 7 mm erreicht. Auch hier wird eine perfekte zylindrische Bohrung erreicht. Die Prozesszeit liegt bei der Geometrie bei 150 s.

In Bild 75 (links) sind weitere Längsschliffe von Bohrungen mit der Zielbohrungsgeometrie in drei verschiedenen Metallen dargestellt. Außerdem sind unterhalb der Bohrung auch einige charakteristische Prozessparameter mit angegeben. Beim Bohren von Edelstahl muss im Vergleich zu allen anderen betrachteten Metallen eine deutlich geringere Repetitionsrate verwendet werden, um eine hohe Bohrungsqualität sicherzustellen. Dies führt dann wie angegeben zu deutlich höheren Prozesszeiten bei Edelstahl. Auf der rechten Seite von Bild 75 ist der Längsschliff einer Bohrung gezeigt, die für das gegebene Setup den minimal erreichbaren Bohrungsdurchmesser aufweist. Hier wird ein Aspektverhältnis von ungefähr 25 erreicht. Der Relativwinkel zwischen Laserstrahlung und Bohrungswand ist hier nah an dem asymptotischen Wert. Daher ist die Prozesszeit für diese Bohrung deutlich höher im Vergleich zu den Bohrungen auf der linken Seite, obwohl das Abtragvolumen nur 1/6 im Vergleich zur Zielbohrungsgeometrie entspricht. Mit der entwickelten Tiefbohroptik können daher sowohl tiefere als auch deutlich kleinere Bohrungen im Vergleich zur angestrebten Zielbohrungsgeometrie erreicht werden. Auf der Grundlage der gezeigten Untersuchungen können mit der Tiefbohroptik und der verwendeten Laserstrahlquelle Bohrungen größer Ø250 µm mit einem Aspektverhältnis bis 20 sicher hergestellt werden. Die Nutzung einer Laserstrahlquelle mit deutlich höherer Pulsenergie und einer kürzeren Wellenlänge können den minimalen Bohrungsdurchmesser noch weiter verringern und das erreichbare Aspektverhältnis weiter steigern.

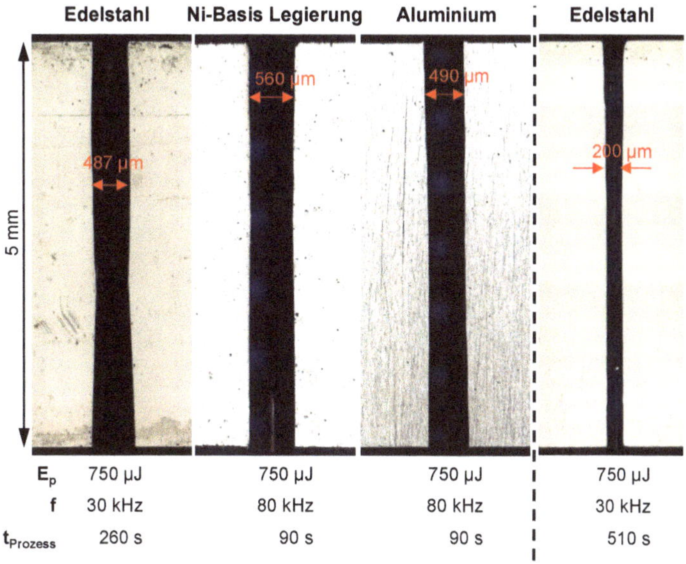

Bild 75:
Längsschliffe von Bohrungen, die in verschiedene 5 mm dicke Metallproben mit der Tiefbohroptik eingebracht wurden.
Links: Zielgeometrie der Arbeit mit einem Aspektverhältnis von ca. 10.
Rechts: Maximal erreichbares Aspektverhältnis von ~25 für das verwendete Setup

8 Zusammenfassung und Ausblick

8.1 Zusammenfassung

Die Materialbearbeitung mittels ultrakurzen Laserpulsen hat in den letzten 20 Jahren auch durch die stetige Entwicklung von immer leistungsfähigeren Laserstrahlquellen enorme Fortschritte gemacht. Davon profitiert auch das Bohren mittels UKP-Laserstrahlung, da durch diese Entwicklung höhere Abtragraten und größere Bohrtiefen ermöglicht wurden. Somit werden Anwendungen denkbar, die zuvor nicht mit einem UKP-Bohrverfahren erreicht werden konnten. Präzise, geformte Mikrobohrungen mit mehreren Millimetern Tiefe werden insbesondere in vielen Hochtechnologieanwendungen wie für Kühlluftbohrungen in Turbinenkomponenten, in Spinndüsen für die Faserherstellung, als Zuführung von Schmiermitteln in (Umform-)Werkzeugen oder in Sieben für die Stoffaufbereitung benötigt. Aktuell können diese Anwendungen mit verfügbaren Fertigungsverfahren nicht oder nur eingeschränkt adressiert werden.

In dieser Arbeit wird daher ein neues Bohrverfahren zur Herstellung von großen und tiefen, aber präzisen Bohrungen mittels UKP-Laserstrahlung entwickelt. Dabei werden insbesondere hohe Pulsenergien und hohe mittlere Leistungen benötigt. Diese führen allerdings zu unerwünschten Effekten wie die Entstehung von Luftdurchbruchplasmen bei hohen Fluenzen oder Schmelzentstehung durch Wärmeakkumulation aufgrund der hohen eingekoppelten mittleren Leistung. Im ersten Teil dieser Arbeit werden daher die Auswirkungen dieser Effekte auf die Abtragrate bei Metallen, insbesondere Edelstahl, untersucht. (1. Forschungsfrage)

In der detaillierten Untersuchung der Abtragrate bei hohen Fluenzen wird im Fall von Edelstahl bereits ab 2 J/cm² die Entstehung von Schmelze beobachtet. Der Schmelzentstehungsprozess überlagert das zweite logarithmische Abtragregime, welches dadurch nicht mehr sichtbar ist. Ab einer Fluenz von 20 J/cm² dominiert dann der schmelzunterstützte Abtrag. Ab dieser Fluenz ist die Abtragfläche vollständig mit Schmelze bedeckt und ein Schmelzrand umgibt die Vertiefung. Dies deutet darauf hin, dass die Schmelze zum Teil ausgetrieben wird. Auch die Betrachtung von Abtrageffizienz und Abtragvolumen bestätigen den Wechsel des Abtragmechanismus in diesem Bereich. Für eine Pulsdauer von 100 fs wird im Bereich von 20 – 100 J/cm² anschließend ein Plateau in der Abtragtiefe beobachtet. Die hohe Intensität des Laserpulses führt dann oberhalb des Materials zu einem Luftdurchbruch. Dabei wird ein Teil der Laserstrahlung aus dem Zentrum gestreut, der als *Conical Emissions* bezeichnet wird. Für längere Pulsdauern verschiebt sich der Beginn des Plateaus zu höheren Fluenzen. Insgesamt ist die Betrachtung des Abtragvolumens besser für die Beschreibung der Abtragrate bei hohen Fluenzen geeignet, da diese im Gegensatz zur Abtragtiefe kaum von den zuvor genannten Effekten beeinflusst wird.

Bei hohen Fluenzen wird auch eine Steigerung der Abtragrate durch Wärmeakkumulation bereits bei wenigen Pulsen pro Stelle beobachtet. Durch eine Erhöhung der mittleren Leistung oder der Anzahl der Pulse pro Stelle erhöht sich die Abtragrate pro Puls aufgrund von

Wärmeakkumulation weiter. Für Perkussionsbohrverfahren und kleinen Spotgrößen tritt bereits bei 5 W mittlerer Leistung Wärmeakkumulation auf und bei Steigerung auf >>10 W wird eine Verringerung der Durchbohrzeit um mehrere Größenordnungen beobachtet. Dieser Sprung markiert den Übergang zu einem thermischen Abtragprozess und führt zu vergleichbaren Bohrzeiten wie mit kontinuierlicher Laserstrahlung. Die Laserstrahlung erzeugt dann ein heißes Plasma in der Bohrkavität über das die Bohrungswand aufgeschmolzen wird. In diesem Fall ist auch die Art und Weise, wie die mittlere Leistung zugeführt wird, größtenteils unerheblich. In einem gewissen Rahmen wird kein Einfluss von Pulsenergie, Repetitionsrate oder Fokusdurchmessers auf die Durchbohrzeit beobachtet. Eine Abschätzung der lokalen, tiefenaufgelösten Abtragrate beim Perkussionsbohren zeigt eine Reduktion der Abtragrate um bis zu fünf Größenordnungen während des Bohrprozesses. In-situ Beobachtungen des Perkussionsbohrprozesses zeigen außerdem, dass der Bohrprozess stufenweise abläuft. Hier wechseln sich die Prozesse der Bohrungsaufweitung und das Fortschreiten der Bohrung ab.

Der zweite Teil der Arbeit nutzt die Erkenntnisse aus den Grundlagenuntersuchungen zur Untersuchung von verschiedenen Bohrverfahren zum Erstellen von tiefen, zylindrischen Bohrungen (2. Forschungsfrage). Für Tiefbohrprozesse ist eine Pulsdauer von wenigen Pikosekunden ideal. Für kürzere Pulse sinkt die Fluenz, ab der ein Luftdurchbruch erzeugt wird. Längere Pulse führen zu einer deutlichen Verringerung der Abtrageffizienz und eine gesteigerte Laser-Materie Wechselwirkung wird beobachtet. Bei der Nutzung von hohen Fluenzen wird bereits bei der Nutzung von einigen 10 kHz trotz Relativbewegung des Laserstrahls signifikant Schmelze erzeugt, wodurch die charakteristischen Vorteile der UKP-Bearbeitung verloren gehen. Sowohl das Perkussionsbohren als auch das Trepanieren sind damit für die Erstellung von tiefen, präzisen Bohrungen nicht geeignet, da bei beiden

Bild 76: Schematische Darstellung des Ergebnisses dieser Arbeit unter dem Aspekt des Bohrungsdurchmessers und der Qualität im Vergleich zum Stand der Technik

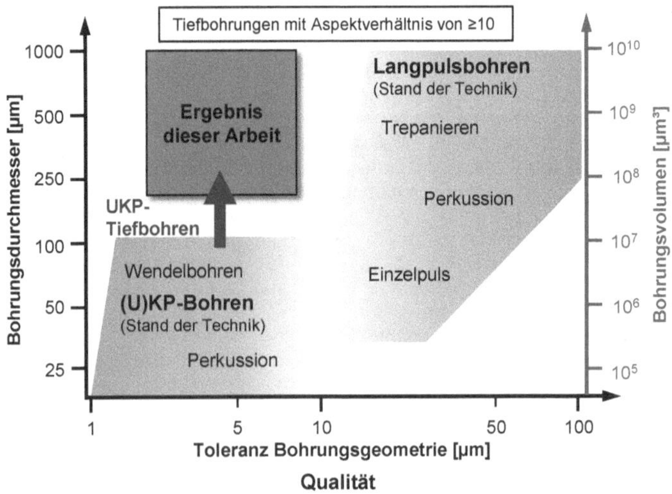

Verfahren große Schmelzschichtdicken durch den Bohrprozess erzeugt werden. Präzise, quasi schmelzfreie Bohrungen können nur mit geringen Repetitionsraten von maximal wenigen 10 kHz erzeugt werden. Dies wird mit einem schichtweisen Vollabtrag des Bohrquerschnitts erreicht, allerdings ist durch die verbleibende Konizität auch das erreichbare Aspektverhältnis begrenzt.

Solche Bohrungen mit 5 mm Bohrtiefe und mehr werden allerdings durch das Tiefbohrverfahren und einer Tiefbohroptik erreicht, welche beide im Rahmen dieser Arbeit entwickelt wurden (3. Forschungsfrage). Das Tiefbohrverfahren basiert auf dem Konzept eines schichtweisen Vollabtrags des Bohrungsquerschnitts bei Nachführung der Fokusebene durch die gesamte Bohrung unter einem Anstellwinkel der Laserstrahlung. Die entsprechende Tiefbohroptik ermöglicht die Manipulation der Laserstrahlung nach den Anforderungen des Tiefbohrverfahrens mit einem günstigen und stabilen Aufbau bei hoher Dynamik der Ablenkbewegung. Die Limitierungen des Tiefbohrverfahrens entstehen durch die Begrenzung des Relativwinkels zwischen Laserstrahlung und Bohrungswand auf minimal ~1,8-2° auch bei hohen Fluenzen von >> 100 J/cm². Allgemein führt die Nutzung höherer Fluenzen zu einem geringeren erreichbaren Relativwinkel und dieser wird auch schneller erreicht. Außerdem wird in dieser Arbeit das Handwerkzeug geliefert, um das UKP-Tiefbohrverfahren auszulegen und dessen Einsatzgrenzen zu bestimmen.

Mit dem Tiefbohrverfahren können zylindrische Bohrungen mit einem Durchmesser von mindestens 200 µm mit einem Aspektverhältnis von bis zu 15 produktiv und bis zu 25 mit abnehmender Produktivität erreicht werden. Somit sind auch Bohrtiefen von über 10 mm mit dem Tiefbohrverfahren erreichbar. In Bild 76 werden die mit dem Tiefbohrverfahren erreichbaren Bohrungsgeometrien in das Schema von der Zielsetzung (Bild 2) eingeordnet. Der bisher nicht adressierbare Bereich der großen und tiefen, aber präzisen Bohrungen kann mit dem Tiefbohrverfahren ohne Limitierungen bedient werden und schließt mit dem Schwellwert der einstellbaren Bohrungsdurchmessern ab ca. 200 µm nahtlos an die mittels Wendelbohroptiken fertigbaren Mikrobohrungen an. Die Bohrungsdauer variiert je nach Bohrungsgeometrie und Material deutlich, liegt für die meisten Anwendungen jedoch im Bereich von wenigen Minuten.

8.2 Fazit

Die Untersuchungen in dieser Arbeit ermöglichten die Entwicklung eines Tiefbohrverfahrens mittels UKP-Laserstrahlung, mit welchem große und tiefe Bohrungen mit höchster geometrischer und metallurgischer Qualität erzeugt werden können. Diese Kombination konnte bisher mit keinem Bohrverfahren adressiert werden. Dazu wurden Ansätze entwickelt, um im Vergleich zum Stand der Technik deutlich größere Bohrtiefen zu erreichen und eine hohe Abtragrate beizubehalten. Mit dem Tiefbohrverfahren können nun Bohrungstiefen von deutlich über 5 mm erreicht werden, was dem Fünffachen des Stands der Technik entspricht. Das Abtragvolumen pro Bohrung entspricht dabei einem Faktor von 1000 im Vergleich zu typischen UKP-Mikrobohrungen, die in wenigen Sekunden gefertigt werden. Trotz der höheren absoluten Bohrtiefe können diese Bohrungen nun in unter 100s erzeugt werden, welches einer Erhöhung der mittleren Abtragrate um mindestens Faktor 10 entspricht. Die am Beginn dieser Arbeit definierte Zielgeometrie für eine typische Tiefbohrung

(Ø500 µm, Tiefe 5 mm), die bisher nur mittels Langpulsbohren erreicht wurde, kann durch das in dieser Arbeit entwickelten Bohrverfahren in 92 s präzise und ohne Defekte hergestellt werden. Die erreichte Bohrtiefe und Präzision dieser Bohrungen ermöglicht zudem eine Verwendung in vielen weiteren Hochtechnologieanwendungen.

8.3 Ausblick

Das in dieser Arbeit entwickelte Tiefbohrverfahren ist mit dem Erreichen der definierten Zielgeometrie in Kombination mit der Produktivität bereits in einen Bereich vorgestoßen, der vielfältige neue Anwendungsmöglichkeiten eröffnet. Das entwickelte Bohrverfahren lässt sich direkt auf weitere Materialklassen wie Keramiken, Halbleiter oder Gläser übertragen, da der Abtrag aufgrund der hohen verwendeten Intensität über nichtlineare Effekte stattfindet und daher materialunabhängig ist. Außerdem können mit der optischen Systemtechnik im gleichen Prozessschritt auch Shapes am Bohrungseintritt erstellt werden. Über eine Anpassung des Bohrverfahrens können außerdem auch konische oder frei einstellbare Bohrungsformen erreicht werden. Die Ergebnisse in dieser Arbeit deuten außerdem darauf hin, dass bei Anstellwinkeln der Laserstrahlung von ≥5°und einer Anpassung der Scanstrategie und Fluenz im Laufe des Bohrprozesses die Herstellung von tiefen Sacklochbohrungen möglich ist.

Ein stetiges Ziel bei der Weiterentwicklung von Bohrprozessen ist zudem das erreichbare Aspektverhältnis und die Steigerung der Produktivität, da diese Aspekte bisher nicht im Detail untersucht wurden. Eine Erhöhung der erreichbaren Abtragrate ist ein wichtiges Ziel für zukünftige Untersuchungen, damit das Tiefbohren mittels UKP-Laserstrahlung in weiteren Anwendungen wirtschaftlich eingesetzt werden kann. Hier steht insbesondere die Untersuchung der Abtragrate und der auftretenden Effekte in der Bohrung während des Bohrprozesses über diverse Analysemethoden im Vordergrund. Auch weitere Maßnahmen wie zum Beispiel die Anpassung der Prozessgasdüse zur Erhöhung der Kühlwirkung oder zur Reduktion der Interaktion von Laserstrahlung und Abtragpartikeln sind vielversprechend zur Erhöhung der Produktivität.

Das erreichbare Aspektverhältnis kann durch Verwendung höherer Pulsenergien oder kürzerer Wellenlängen erhöht werden. Auch die aktive Ausnutzung von *Conical Emissions* ist ein vielversprechender Ansatz dafür. Die Streustrahlung unterstützt bei hohen Fluenzen die Aufweitung in der Tiefe der Bohrungen. Hier stehen noch detaillierte Untersuchungen aus, in welchem Intensitätsbereich *Conical Emissions* die Aufweitung unterstützen und welche Aspektverhältnisse durch den Einsatz von *Conical Emissions* erreicht werden können.

9 Literaturverzeichnis

[AERO20] AGV5D Five-Axis Laser Micromachining Precession Scanner. URL: https://www.aerotech.com/product-catalog/galvo-laser-scan-heads/agv5d.aspx [Stand: 21.12.2020.]

[AGRA07] Agranat, M. B.; Anisimov, S. I.; Ashitkov, S. I.; Zhakhovskii, V. V.; Inogamov, N. A.; Nishihara, K.; Petrov, Y. V.: Nanospallation induced by a femtosecond laser pulse. In: Boulder Damage Symposium XXXIX: Annual Symposium on Optical Materials for High Power Lasers. Boulder, CO. Monday 24 September 2007. SPIE, 2007, S. 672002

[ANCO08] Ancona, A.; Röser, F.; Rademaker, K.; Limpert, J.; Nolte, S.; Tünnermann, A.: High speed laser drilling of metals using a high repetition rate, high average power ultrafast fiber CPA system. In: Optics express. Jg. 16, 2008, Nr. 12, S. 8958-8968

[ANCO09] Ancona, A.; Döring, S.; Jauregui, C.; Röser, F.; Limpert, J.; Nolte, S.; Tünnermann, A.: Femtosecond and picosecond laser drilling of metals at high repetition rates and average powers. In: Optics letters. Jg. 34, 2009, Nr. 21, S. 3304-3306

[ANIS74] Anisimov, S. I.; Kapeliovich, B. L.; Perel'man, T. L.: Electron emission from metal surfaces exposed to ultrashort laser pulses. In: Journal of Experimental and Theoretical Physics. 1974, S. 375-377

[ARGK20] Koala - Compact trepanning system. URL: https://www.arges.de/industrial-products/koala/ [Stand: 21.12.2020.]

[ARGP20] Precession Elephant: Industry-proven scan heads with between 5 and 8 axes for high-precision drilling and cutting applications. URL: https://www.arges.de/industrial-products/precession/ [Stand: 21.12.2020.]

[BASS95] Bass, M. (ed.): Handbook of optics. 2. ed., New York, NY: McGraw-Hill, 1995

[BÄUE11] Bäuerle, D.: Laser Processing and Chemistry, Berlin, Heidelberg: Springer Berlin Heidelberg, 2011

[BECK11] Beck, T.: Laser drilling in gas turbine blades. In: Laser Technik Journal. Jg. 8, 2011, Nr. 3, S. 40-43

[BEYE94] Beyer, E.; Cantello, M.; La Rocca, A. V.; Laude, L. D.; Olsen, F. O.; Sepold, G. (eds.): Laser Materials Processing: Industrial and Microelectronics Applications. SPIE, 1994

[BREI03] Breitling, D.; Mueller, K.-P.; Ruf, A.; Berger, P.; Dausinger, F.: Material-vapor dynamics during ablation with ultrashort pulses. In: Fourth International Symposium on laser Precision Microfabrication. Munich, Germany. Saturday 21 June 2003. SPIE, 2003, S. 81

[BREI10] Breitling, D.: Gasphaseneinflüsse beim Abtragen und Bohren mit ultrakurz gepulster Laserstrahlung. Dissertation. Universität Stuttgart, 1. Aufl., München: Herbert Utz Verlag, 2010

[BROD97] Brodeur, A.; Chien, C. Y.; Ilkov, F. A.; Chin, S. L.; Kosareva, O. G.; Kandidov, V. P.: Moving focus in the propagation of ultrashort laser pulses in air. In: Optics letters. Jg. 22, 1997, Nr. 5, S. 304-306

[BYSK10] Byskov-Nielsen, J.; Savolainen, J.-M.; Christensen, M. S.; Balling, P.: Ultra-short pulse laser ablation of metals: threshold fluence, incubation coefficient and ablation rates. In: Applied Physics A. Jg. 101, 2010, Nr. 1, S. 97-101

[CAVA99] Cavalleri, A.; Sokolowski-Tinten, K.; Bialkowski, J.; Schreiner, M.; Linde, D. von der: Femtosecond melting and ablation of semiconductors studied with time of flight mass spectroscopy. In: Journal of Applied Physics. Jg. 85, 1999, Nr. 6, S. 3301-3309

[CHIC96] Chichkov, B. N.; Momma, C.; Nolte, S.; Alvensleben, F.; Tünnermann, A.: Femtosecond, picosecond and nanosecond laser ablation of solids. In: Applied Physics A. Jg. 63, 1996, Nr. 2, S. 109-115

[DAS09] Das, D. K.; Pollock, T. M.: Femtosecond laser machining of cooling holes in thermal barrier coated CMSX4 superalloy. In: Journal of Materials Processing Technology. Jg. 209, 2009, 15-16, S. 5661-5668

[DAUS02] Dausinger, F. H.; Konov, V. I.; Baranov, V. Y.; Panchenko, V. Y. (eds.): Laser Processing of Advanced Materials and Laser Microtechnologies. SPIE, 2002

[DAUS03] Dausinger, F.: Femtosecond technology for precision manufacturing: fundamental and technical aspects. In: RIKEN Review No. 50. 2003, S. 77-82

[DÖRI13] Döring, S.; Ullsperger, T.; Heisler, F.; Richter, S.; Tünnermann, A.; Nolte, S.: Hole Formation Process in Ultrashort Pulse Laser Percussion Drilling. In: Physics Procedia. Jg. 41, 2013, S. 431-440

[DÖRI14] Döring, S.: Analysis of the hole shape evolution in ultrashort pulse laser drilling. Dissertation. Friedrich-Schiller-Universität Jena, 1. Aufl., Göttingen: Cuvillier, 2014

[DÜRR08] Dürr, U.: Laser Drilling in Industrial Use. In: Laser Technik Journal. Jg. 5, 2008, Nr. 3, S. 57-59

[EBRA18] Ebrahimzade Isfahani, V.: Mechanische Untersuchung und Finite-Elemente-Simulation von lasergebohrten TBC-Systemen. Dissertation. RWTH Aachen University, 2018

[EIMA03] Eimann, K.; Drach, M.: Entlüftungshilfe für ein Spritzgusswerkzeug und Verfahren zu deren Herstellung. Anmeldenummer: 03815539.6. Veröffentlichungsnummer: WO 2004/067256, am 30.10.2003

[EXAR07] Exarhos, G. J.; Guenther, A. H.; Lewis, K. L.; Ristau, D.; Soileau, M. J.; Stolz, C. J. (eds.): Laser-Induced Damage in Optical Materials: 2007. SPIE, 2007

[FING14] Finger, J.; Reininghaus, M.: Effect of pulse to pulse interactions on ultra-short pulse laser drilling of steel with repetition rates up to 10 MHz. In: Optics express. Jg. 22, 2014, Nr. 15, S. 18790-18799

[FING15] Finger, J.; Kalupka, C.; Reininghaus, M.: High power ultra-short pulse laser ablation of IN718 using high repetition rates. In: Journal of Materials Processing Technology. Jg. 226, 2015, S. 221-227

[FING17] Finger, J.-T.: Puls-zu-Puls-Wechselwirkungen beim Ultrakurzpuls-Laserabtrag mit hohen Repetitionsraten. Dissertation. RWTH Aachen University, Aachen: Apprimus Verlag, 2017

[FÖRS17] Förster, D. J.; Weber, R.; Graf, T.: Residual heat during usp drilling of metals. In: Proceedings of LPM. 2017, S. 1-4

[FÖRS18] Förster, D. J.; Weber, R.; Holder, D.; Graf, T.: Estimation of the depth limit for percussion drilling with picosecond laser pulses. In: Optics express. Jg. 26, 2018, Nr. 9, S. 11546-11552

[GAMA02] Gamaly, E. G.; Rode, A. V.; Luther-Davies, B.; Tikhonchuk, V. T.: Ablation of solids by femtosecond lasers: Ablation mechanism and ablation thresholds for metals and dielectrics. In: Physics of Plasmas. Jg. 9, 2002, Nr. 3, S. 949-957

[GFHG20] GL.trepan: trepanning optics. URL: https://gfh-gmbh.de/en/machine-building/configuration/hardware/gl-trepan [Stand: 21.12.2020.]

[GIBB16] Gibbon, P.: Introduction to Plasma Physics. CERN Yellow Reports, Vol 1 (2016): Proceedings of the 2014 CAS-CERN Accelerator School: Plasma Wake Acceleration, 2016

[GOLD03] Goldston, R. J.; Rutherford, P. H.: Introduction to plasma physics. Reprinted., Bristol: Inst. of Physics Publ, 2003

[GOWE01] Gower, M. C.; Helvajian, H.; Sugioka, K.; Dubowski, J. J. (eds.): Laser Applications in Microelectronic and Optoelectronic Manufacturing VI. SPIE, 2001

[HAAN20] Haan, G. de; Hernandez-Rueda, J.; Planken, P. C.: Femtosecond time-resolved pump-probe measurements on percolating gold in the ablation regime. In: Optics express. Jg. 28, 2020, Nr. 8, S. 12093-12107

[HAAS19a] Haasler, D.; Finger, J.: Investigation of heat accumulation effects during deep hole percussion drilling by high power ultrashort pulsed laser radiation. In: Journal of Laser Applications. Jg. 31, 2019, Nr. 2, S. 22201

[HAAS19b] Haasler, D.; Schneider, T.; Poprawe, R.: Investigation of the Ablation Rate of Stainless Steel by means of few Ultrashort Laser Pulses up to 150 J/cm². In: Journal of Laser Micro/Nanoengineering. 2019, S. 1-9

[HAAS22] Haasler, D.; Gillner, A.: Development of a deep drilling process in metals by means of ultrashort laser pulses. In: Proceedings of SPIE. 2022, Vol. 11994, S. 1-11

[HAMM18] Hammers-Weber, P.; Heinzel, U.: Flexible microdrilling for test electronics. In: MicroProduction. 2018, Nr. 1, S. 14-18

[HE20] He, C.: Hochpräzisions-Wendelbohren komplexer Geometrien mittels angepasster Energiedeposition. Dissertation. RWTH Aachen University, Aachen: Apprimus Verlag, 2020

[HENN12] Hennig, G.; Xu, X.; Gu, B.; Nakata, Y. (eds.): Laser Applications in Microelectronic and Optoelectronic Manufacturing (LAMOM) XVII. SPIE, 2012

[HENN20] Henn, M.; Reichardt, G.; Weber, R.; Graf, T.; Liewald, M.: Dry Metal Forming Using Volatile Lubricants Injected into the Forming Tool Through Flow-Optimized, Laser-Drilled Microholes. In: JOM. Jg. 72, 2020, Nr. 7, S. 2517-2524

[HERM18] Hermanns, T.: Interaktive Prozesssimulation für das industrielle Umfeld am Beispiel des Bohrens mit Laserstrahlung. Dissertation. RWTH Aachen University, 1st ed., Aachen: Apprimus Wissenschaftsverlag, 2018

[HOHL00] Hohlfeld, J.; Wellershoff, S.-S.; Güdde, J.; Conrad, U.; Jähnke, V.; Matthias, E.: Electron and lattice dynamics following optical excitation of metals. In: Chemical Physics. Jg. 251, 2000, 1-3, S. 237-258

[HÜGE09] Hügel, H.; Graf, T.: Laser in der Fertigung. Strahlquellen, Systeme, Fertigungsverfahren. 2., neu bearb. Aufl., Wiesbaden: Vieweg + Teubner, 2009

[HÜGE92] Hügel, H.: Strahlwerkzeug Laser. Eine Einführung, Wiesbaden, s.l.: Vieweg+Teubner Verlag, 1992

[HÜTT02] Hüttner, B.: Optical properties under exposure to ultrashort laser pulses. In: Journal of Physics: Condensed Matter. Jg. 14, 2002, Nr. 26, S. 6689-6700

[IVAN09] Ivanov, D. S.; Rethfeld, B.: The effect of pulse duration on the interplay of electron heat conduction and electron–phonon interaction: Photo-mechanical versus photo-thermal damage of metal targets. In: Applied Surface Science. Jg. 255, 2009, Nr. 24, S. 9724-9728

[JAEG11] Jaeggi, B.; Neuenschwander, B.; Schmid, M.; Muralt, M.; Zuercher, J.; Hunziker, U.: Influence of the Pulse Duration in the ps-Regime on the Ablation Efficiency of Metals. In: Physics Procedia. Jg. 12, 2011, S. 164-171

[JANS19] Janssen, S.; Kürschner, D.; Hermanns, T.; Schulz, W.: Asymptotic bore hole model for ultrashort pulse laser-drilled carbon fiber preforms. In: Proceedings of LPM. 2019, 1-10

[JIA19] Jia, X.; Zhao, X.: Numerical study of material decomposition in ultrafast laser interaction with metals. In: Applied Surface Science. Jg. 463, 2019, S. 781-790

[KALU19] Kalupka, C.: Energiedeposition von ultrakurz gepulster Laserstrahlung in Gläsern. Dissertation. RWTH Aachen University, 1. Auflage, Aachen: Apprimus Verlag, 2019

[KAML03] Kamlage, G.; Bauer, T.; Ostendorf, A.; Chichkov, B. N.: Deep drilling of metals by femtosecond laser pulses. In: Applied Physics A. Jg. 77, 2003, Nr. 2, S. 307-310

[KAR92] Kar, A.; Rockstroh, T.; Mazumder, J.: Two-dimensional model for laser-induced materials damage: Effects of assist gas and multiple reflections inside the cavity. In: Journal of Applied Physics. Jg. 71, 1992, Nr. 6, S. 2560-2569

[KAUT94] Kautek, W.; Krueger, J.: Femtosecond pulse laser ablation of metallic, semiconducting, ceramic, and biological materials. In: Europto High Power Lasers and Laser Applications V. Vienna, Austria. Sunday 3 April 1994. SPIE, 1994, S. 600

[KLAB03] Klabbers-Heimann, J. J.: Anwendungsgrenzen von modernen Nickelbasis-Superlegierungen in effusionsgekühlten Bauteilen zukünftiger Gasturbinen. Dissertation. RWTH Aachen University, Jülich: Berichte des Forschungszentrum Jülich, 2003

[KLIM01] Klimentov, S. M.; Kononenko, T. V.; Pivovarov, P. A.; Garnov, S. V.; Konov, V. I.; Prokhorov, A. M.; Breitling, D.; Dausinger, F.: The role of plasma in ablation of materials by ultrashort laser pulses. In: Quantum Electronics. Jg. 31, 2001, Nr. 5, S. 378-382

[KLIM02] Klimentov, S. M.; Kononenko, T. V.; Pivovarov, P. A.; Garnov, S. V.; Konov, V. I.; Breitling, D.; Dausinger, F. H.: Effect of nonlinear scattering of radiation in air on material ablation by femtosecond laser pulses. In: Laser Processing of Advanced Materials and Laser Microtechnologies. Moscow, Russian Federation. Saturday 22 June 2002. SPIE, 2002, S. 77

[KLIM03] Klimentov, S. M.; Kononenko, T. V.; Pivovarov, P. A.; Garnov, S. V.; Konov, V. I.; Breitling, D.; Dausinger, F.: Role of gas environment in the process of deep-hole drilling by ultrashort laser pulses. 2003, S. 515-520

[KLIM07] Klimentov, S. M.; Garnov, S. V.; Konov, V. I.; Kononenko, T. V.; Pivovarov, P. A.; Tsarkova, O. G.; Breitling, D.; Dausinger, F.: Effect of low-threshold air breakdown on material ablation by short laser pulses. In: Physics of Wave Phenomena. Jg. 15, 2007, Nr. 1, S. 1-11

[KÖNI05] König, J.; Nolte, S.; Tünnermann, A.: Plasma evolution during metal ablation with ultrashort laser pulses. In: Optics express. Jg. 13, 2005, Nr. 26, S. 10597-10607

[KÖNI06] König, J.: Abtragprozesse bei Bestrahlung von Metallen mit ultrakurzen Laserpulsen. Dissertation. Universität Jena, 2006

[KONO01] Kononenko, T. V.; Klimentov, S. M.; Konov, V. I.; Pivovarov, P. A.; Garnov, S. V.; Dausinger, F.; Breitling, D.: Propagation of short-pulsed laser radiation and stages of ablative deep-channel formation. In: Photonics West 2001 - LASE. San Jose, CA. Saturday 20 January 2001. SPIE, 2001, S. 248-257

[KONO18] Kononenko, T. V.; Freitag, C.; Sovyk, D. N.; Lukhter, A. B.; Skvortsov, K. V.; Konov, V. I.: Influence of pulse repetition rate on percussion drilling of Ti-based alloy by picosecond laser pulses. In: Optics and Lasers in Engineering. Jg. 103, 2018, S. 65-70

[KÖRN97] Körner, C.: Theoretische Untersuchungen zur Wechselwirkung von ultrakurzen Laserpulsen mit Metallen. Dissertation. RWTH Aachen University, 1997

[LAUE14] Lauer, B.; Jäggi, B.; Neuenschwander, B.: Influence of the Pulse Duration onto the Material Removal Rate and Machining Quality for Different Types of Steel. In: Physics Procedia. Jg. 56, 2014, S. 963-972

[LEDO04] Le Drogoff, B.; Margot, J.; Vidal, F.; Laville, S.; Chaker, M.; Sabsabi, M.; Johnston, T. W.; Barthélemy, O.: Influence of the laser pulse duration on laser-produced plasma properties. In: Journal of Physics D: Applied Physics. Jg. 13, 2004, Nr. 2, S. 223-230

[LEHA05] Le Harzic, R.; Breitling, D.; Weikert, M.; Sommer, S.; Föhl, C.; Valette, S.; Donnet, C.; Audouard, E.; Dausinger, F.: Pulse width and energy influence on laser micromachining of metals in a range of 100fs to 5ps. In: Applied Surface Science. Jg. 249, 2005, 1-4, S. 322-331

[LEI03] Lei, W.; Davignon, J.: Micro-via drilling applications with solid-state harmonic UV laser systems. 2003, M403

[LEWI09] Lewis, L. J.; Perez, D.: Laser ablation with short and ultrashort laser pulses: Basic mechanisms from molecular-dynamics simulations. In: Applied Surface Science. Jg. 255, 2009, Nr. 10, S. 5101-5106

[LIND00] Linde, D. von der; Sokolowski-Tinten, K.: The physical mechanisms of short-pulse laser ablation. In: Applied Surface Science. Jg. 154-155, 2000, S. 1-10

[LIND96] Linde, D. von der; Schüler, H.: Breakdown threshold and plasma formation in femtosecond laser–solid interaction. In: Journal of the Optical Society of America B. Jg. 13, 1996, Nr. 1, S. 216

[LIU10] Liu, X.-L.; Lu, X.; Liu, X.; Xi, T.-T.; Liu, F.; Ma, J.-L.; Zhang, J.: Tightly focused femtosecond laser pulse in air: from filamentation to breakdown. In: Optics express. Jg. 18, 2010, Nr. 25, S. 26007-26017

[LOPE15] Lopez, J.; MINCUZZI, G.; Devillard, R.; Zaouter, Y.; Hönninger, C.; Mottay, E.; Kling, R.: Ablation efficiency of high average power ultrafast laser. In: Journal of Laser Applications. Jg. 27, 2015, S2, S28008

[LORA03] Lorazo, P.; Lewis, L. J.; Meunier, M.: Short-pulse laser ablation of solids: from phase explosion to fragmentation. In: Physical review letters. Jg. 91, 2003, Nr. 22, S. 225502

[MANN04] Mannion, P.T.; Magee, J.; Coyne, E.; O'Connor, G.M.; Glynn, T.J.: The effect of damage accumulation behaviour on ablation thresholds and damage morphology in ultrafast laser micro-machining of common metals in air. In: Applied Surface Science. Jg. 233, 2004, 1-4, S. 275-287

[MAO00] Mao, S. S.; Mao, X.; Greif, R.; Russo, R. E.: Initiation of an early-stage plasma during picosecond laser ablation of solids. In: Applied Physics Letters. Jg. 77, 2000, Nr. 16, S. 2464-2466

[MEIJ02] Meijer, J.; Du, K.; Gillner, A.; Hoffmann, D.; Kovalenko, V. S.; Masuzawa, T.; Ostendorf, A.; Poprawe, R.; Schulz, W.: Laser Machining by short and ultrashort pulses, state of the art and new opportunities in the age of the photons. In: CIRP Annals. Jg. 51, 2002, Nr. 2, S. 531-550

[MICH14] Michalowski, A.: Untersuchungen zur Mikrobearbeitung von Stahl mit ultrakurzen Laserpulsen. Dissertation. Universität Stuttgart, München: Herbert Utz Verlag, 2014

[MINC17] MINCUZZI, G.; Faucon, M.; Hamoudi, T.; Fleureau, M.; Kling, R.: Zero taper, fast drilling of high thickness metal parts. In: Proceedings of LIM. 2017, S. 1-5

[MING08] Mingareev, I.; Horn, A.: Time-resolved investigations of plasma and melt ejections in metals by pump-probe shadowgrpahy. In: Applied Physics A. Jg. 92, 2008, Nr. 4, S. 917-920

[MING09] Mingareev, I.: Ultrafast dynamics of melting and ablation at large laser intensities. Dissertation. RWTH Aachen University, 1st ed., Göttingen: Cuvillier Verlag, 2009

[MIYA02] Miyamoto, I.; Kobayashi, K. F.; Sugioka, K.; Poprawe, R.; Helvajian, H. (eds.): First International Symposium on High-Power Laser Macroprocessing. SPIE, 2002

[MIYA03] Miyamoto, I.; Ostendorf, A.; Sugioka, K.; Helvajian, H. (eds.): Fourth International Symposium on Laser Precision Microfabrication. SPIE, 2003

[MODE06] Modest, M. F.: Effects of Multiple Reflections on Hole Formation During Short-Pulsed Laser Drilling. In: Journal of Heat Transfer. Jg. 128, 2006, Nr. 7, S. 653-661

[MOMM96] Momma, C.; Chichkov, B. N.; Nolte, S.; Alvensleben, F. von; Tünnermann, A.; Welling, H.; Wellegehausen, B.: Short-pulse laser ablation of solid targets. In: Optics Communications. Jg. 129, 1996, 1-2, S. 134-142

[NEDI04] Nedialkov, N. N.; Imamova, S. E.; Atanasov, P. A.: Ablation of metals by ultrashort laser pulses. In: Journal of Physics D: Applied Physics. Jg. 37, 2004, Nr. 4, S. 638-643

[NEUE12] Neuenschwander, B.; Jaeggi, B.; Schmid, M.; Rouffiange, V.; Martin, P.-E.: Optimization of the volume ablation rate for metals at different laser pulse-durations from ps to fs. In: SPIE LASE. San Francisco, California, USA. Saturday 21 January 2012. SPIE, 2012, S. 824307

[NEUE15] Neuenschwander, B.; Kramer, T.; Lauer, B.; Jaeggi, B.: Burst mode with ps- and fs-pulses: Influence on the removal rate, surface quality, and heat accumulation. In: SPIE LASE. San Francisco, California, United States. Saturday 7 February 2015. SPIE, 2015, 93500U

[NIBB96] Nibbering, E. T.; Curley, P. F.; Grillon, G.; Prade, B. S.; Franco, M. A.; Salin, F.; Mysyrowicz, A.: Conical emission from self-guided femtosecond pulses in air. In: Optics letters. Jg. 21, 1996, Nr. 1, S. 62-65

[NOLT97] Nolte, S.; Momma, C.; Jacobs, H.; Tünnermann, A.; Chichkov, B. N.; Wellegehausen, B.; Welling, H.: Ablation of metals by ultrashort laser pulses. In: Journal of the Optical Society of America B. Jg. 14, 1997, Nr. 10, S. 2716

[NOLT99] Nolte, S.; Momma, C.; Kamlage, G.; Ostendorf, A.; Fallnich, C.; Alvensleben, F. von; Welling, H.: Polarization effects in ultrashort-pulse laser drilling. In: Applied Physics A. Jg. 68, 1999, Nr. 5, S. 563-567

[ÖCHS10] Öchsner, A.; da Silva, L. F. M.; Altenbach, H. (eds.): Materials with Complex Behaviour, Berlin, Heidelberg: Springer Berlin Heidelberg, 2010

[OHMU10] Ohmura, E.; Noguchi, S.: Laser Drilling Simulation Considering Multiple Reflection of Laser, Evaporation and Melt Flow: Materials with Complex Behaviour. Berlin, Heidelberg: Springer Berlin Heidelberg, 2010, S. 297-310

[PERE03] Perez, D.; Lewis, L. J.: Molecular-dynamics study of ablation of solids under femtosecond laser pulses. In: Physical Review B. Jg. 67, 2003, Nr. 18, S359

[POPR11] Poprawe, R.: Tailored Light 2. Laser Application Technology, Berlin, Heidelberg: Springer-Verlag Berlin Heidelberg, 2011

[POPR84] Poprawe, R.: Materialabtragung und Plasmaformation im Strahlungsfeld von UV-Lasern. Dissertation. TU Darmstadt, Darmstadt, 1984

[RADT03] Radtke, J.: Herstellung von Präzisionsdurchbrüchen in keramischen Werkstoffen mittels repetierender Laserbearbeitung. Dissertation. Universität Stuttgart, München: Herbert Utz Verlag, 2003

[RAPP02] Rapp, J.: Laser with Bosch: a flexible tool in serial production of an automotive supplier. In: LAMP 2002: International Congress on Laser Advanced Materials Processing. Osaka, Japan. Monday 27 May 2002. SPIE, 2002, S. 390

[RETH04] Rethfeld, B.; Sokolowski-Tinten, K.; Linde, D. von der; Anisimov, S. I.: Timescales in the response of materials to femtosecond laser excitation. In: Applied Physics A. Jg. 79, 2004, 4-6, S. 767-769

[RETH99] Rethfeld, B.; Kaiser, A.; Vicanek, M.; Simon, G.: Femtosecond laser-induced heating of electron gas in aluminium. In: Applied Physics A Materials Science & Processing. Jg. 69, 1999, S1, S109-S112

[ROTH15] Roth, S.; Nakata, Y.; Neuenschwander, B.; Xu, X. (eds.): Laser Applications in Microelectronic and Optoelectronic Manufacturing (LAMOM) XX. SPIE, 2015

[RUF04] Ruf, A.: Modellierung des Perkussionsbohrens von Metallen mit kurz- und ultrakurzgepulsten Lasern. Dissertation. Universität Stuttgart, München: Herbert Utz Verlag, 2004

[RUSS99] Russo, R. E.; Mao, X. L.; Liu, H. C.; Yoo, J. H.; Mao, S. S.: Time-resolved plasma diagnostics and mass removal during single-pulse laser ablation. In: Applied Physics A. Jg. 69, 1999, Nr. 7, S887-S894

[SCAN20] precSYS 5-Achs-Mikrobearbeitungs-System. URL: https://www.scanlab.de/de/produkte/erweiterte-scan-loesungen/precsys [Stand: 21.12.2020.]

[SCHI15] Schille, J.; Schneider, L.; Loeschner, U.: Process optimization in high-average-power ultrashort pulse laser microfabrication: how laser process parameters influence efficiency, throughput and quality. In: Applied Physics A. Jg. 120, 2015, Nr. 3, S. 847-855

[SHIP17] Shipilo, D. E.; Pushkarev, D. V.; Panov, N. A.; Uryupina, D. S.; Andreeva, V. A.; Volkov, R. V.; Balakin, A. V.; Shkurinov, A. P.; Babushkin, I.; Morgner, U.; Kosareva, O. G.; Savel'ev, A. B.: Near-infrared conical emission from 800 nm filament in air. In: Laser Physics Letters. Jg. 14, 2017, Nr. 3, S. 35401

[SOTR15] Sotrop, J.; Winter, J.; Rapp, S.; Huber, H. P.: Understanding laser ablation efficiency. In: SPIE Newsroom. 2015, S. 1-3

[SUGI14] Sugioka, K.; Cheng, Y.: Ultrafast lasers—reliable tools for advanced materials processing. In: Light: Science & Applications. Jg. 3, 2014, Nr. 4, e149-e149

[THEO99] Theobald, W.; Häßner, R.; Kingham, R.; Sauerbrey, R.; Fehr, R.; Gericke, D. O.; Schlanges, M.; Kraeft, W.-D.; Ishikawa, K.: Electron densities, temperatures, and the dielectric function of femtosecond-laser-produced plasmas. In: Physical Review E. Jg. 59, 1999, Nr. 3, S. 3544-3553

[TIEN99] Tien, A.-C.; Backus, S.; Kapteyn, H.; Murnane, M.; Mourou, G.: Short-Pulse Laser Damage in Transparent Materials as a Function of Pulse Duration. In: Physical Review Letters. Jg. 82, 1999, Nr. 19, S. 3883-3886

[TREU85] Treusch, H.-G.: Geometrie und Reproduzierbarkeit einer Plasma-Unterstützten materialabtragung durch Laserstrahlung. Dissertation. TU Darmstadt, Darmstadt, 1985

[VAIČ18] Vaičaitis, V.; Kretschmar, M.; Butkus, R.; Grigonis, R.; Morgner, U.; Babushkin, I.: Spectral broadening and conical emission of near-infrared femtosecond laser pulses in air. In: Journal of Physics B: Atomic, Molecular and Optical Physics. Jg. 51, 2018, Nr. 4, S. 1-6

[VANK05] van Kampen, M.; Kohlhepp, J. T.; Jonge, W. J. de; Koopmans, B.; Coehoorn, R.: Sub-picosecond electron and phonon dynamics in nickel. In: Journal of Physics: Condensed Matter. Jg. 17, 2005, Nr. 43, S. 6823-6834

[WAWE08] Wawers, W.: Präzisions-Wendelbohren mit Laserstrahlung. Dissertation. RWTH Aachen University, 1. Auflage, Aachen: Shaker, 2008

[WEBE14] Weber, R.; Graf, T.; Berger, P.; Onuseit, V.; Wiedenmann, M.; Freitag, C.; Feuer, A.: Heat accumulation during pulsed laser materials processing. In: Optics express. Jg. 22, 2014, Nr. 9, S. 11312-11324

[WEBE17] Weber, R.; Graf, T.; Freitag, C.; Feuer, A.; Kononenko, T.; Konov, V. I.: Processing constraints resulting from heat accumulation during pulsed and repetitive laser materials processing. In: Optics express. Jg. 25, 2017, Nr. 4, S. 3966-3979

[WEIK05] Weikert, M.: Oberflächenstrukturieren mit ultrakurzen Laserpulsen. Dissertation. Universität Stuttgart, München: Herbert Utz Verlag, 2005

[WELL99] Wellershoff, S.-S.; Hohlfeld, J.; Güdde, J.; Matthias, E.: The role of electron-phonon coupling in femtosecond laser damage of metals. In: Applied Physics A: Materials Science & Processing. Jg. 69, 1999, Nr. 7, S99-S107

[WINT20] Winter, J.; Rapp, S.; Spellauge, M.; Eulenkamp, C.; Schmidt, M.; Huber, H. P.: Ultrafast pump-probe ellipsometry and microscopy reveal the surface dynamics of femtosecond laser ablation of aluminium and stainless steel. In: Applied Surface Science. Jg. 511, 2020, S. 145514

[WU15] Wu, C.; Christensen, M. S.; Savolainen, J.-M.; Balling, P.; Zhigilei, L. V.: Generation of subsurface voids and a nanocrystalline surface layer in femtosecond laser irradiation of a single-crystal Ag target. In: Physical Review B. Jg. 91, 2015, Nr. 3, S. 1-13

[ZAHE19] Zahedi, E.; Woerz, C.; Reichardt, G.; Umlauf, G.; Liewald, M.; Barz, J.; Weber, R.; Foerster, D. J.; Graf, T.: Lubricant-free deep drawing using CO 2 and N 2 as volatile media injected through laser-drilled microholes. In: Manufacturing Review. Jg. 6, 2019, S. 1-11

[ZHIG09] Zhigilei, L. V.; Lin, Z.; Ivanov, D. S.: Atomistic Modeling of Short Pulse Laser Ablation of Metals: Connections between Melting, Spallation, and Phase Explosion. In: The Journal of Physical Chemistry C. Jg. 113, 2009, Nr. 27, S. 11892-11906

10 Anhang

Auslegungsprogramm Tiefbohroptik

```
'--> Auslegungstool TBO: Gesamt'
'Autor: D. Haasler, 05.2020'

import math as m
import numpy as np
import matplotlib.pyplot as plt

'Konstanten'
Pi = 3.14

'Eingabefeld [Alle Werte in mm]'
'Bohrlochgeometrie [mm]'
Bohrdurchmesser = 0.5
Bohrtiefe = 5
Bohrradius = Bohrdurchmesser/2

'Laserparameter'
Ep=800                  # Pulsenergie [uJ]
M2 = 1.4                # M2
lamda = 0.001030        # Wellenlänge
d_Roh= 5                # Rohstrahldurchmesser

'Umrechnung auf SI-Einheiten'
Ep=Ep/1000000

'Fitfunktion Fluenz -> relativer Anstellwinkel Strahlachse/Bohrwand'
'Daten aus dem Simulationstool von Hermanns & Kürschner'
'Form: y = a*ln(x)^b'
'Fluenz [J/cm²], Winkel [°]'
a=13.1775
b=-1.0766

def Fit_Anstellwinkel(Fluenz):
       alpha=a*(m.log(Fluenz))**b
       return(alpha)

def Fit_Fluenz(Anstellwinkel):
       Fluenz= m.pow(m.e,(Anstellwinkel/a)**(1/b))
       return(Fluenz)
```

```
'Berechnungen'
'Bestimmung maximaler Strahlradius'
w_Entry = 0
w0_max= 0
alpha_old = 1
delta = 1

#Abbruchkriterium: Differenz aus altem und neuen Anstellwinkel
while delta > 0.0001:
      alpha_Bohrung= m.atan((Bohrdurchmesser-(w_Entry+w0_max))/Bohr-
      tiefe)  #geometrischer max. Anstellwinkel inkl. Strahlradius im
      Eintritt
      F_min=Fit_Fluenz(alpha_Bohrung*180/Pi)  #zugehörige Fluenz
      w0_max = (200*Ep/(F_min*Pi))**(1/2)  #max. Strahlradius in [mm]
      zr=w0_max**2*Pi/(M2*lamda)  #Rayleigh-Länge
      w_Entry=w0_max*(1+(Bohrtiefe/zr)**2)**(1/2)  #Strahlradius im
      Bohrungseintritt
      'Abbruchkriterium while-Schleife'
      delta=alpha_old-alpha_Bohrung
      alpha_old=alpha_Bohrung

'Bestimmung minimaler Strahlradius'
w0_min=M2*lamda/(Pi*m.atan(Bohrradius/Bohrtiefe))  #Bestimmung minima-
ler Strahlradius über Bohrungsgeometrie
F_max=200*Ep/(Pi*w0_min**2)  #zugehörige Fluenz
Bohrwandwinkel=Fit_Anstellwinkel(F_max)
print('maximal mögliche Fluenz= ', F_max)
print('minimaler Bohrwandwinkel', Bohrwandwinkel)

'Plot relativer Anstellwinkel im Bereich möglicher Fokusdurchmesser'
w0_list = []                #leere Listen
alpha_B_list = []
alpha_S_list = []
Repeats_list = []
F_list = []

#Berechnung von erreichbaren Anstellwinkeln und Prozessparametern für
alle möglichen Strahlradien
for w0 in np.arange(w0_min, w0_max, 0.0005):
      F=200*Ep/(Pi*w0**2)
      alpha_Rel=Fit_Anstellwinkel(F)  #alpha_Rel = Relativwinkel zwi-
      schen Bohrwand und Laserstrahl
      alpha_S=(m.atan((Bohrdurchmesser-w0)/Bohrtiefe)-
      M2*lamda/(Pi*w0))*180/Pi  #Winkel Laserstrahl
      alpha_B=alpha_S-alpha_Rel  #Bohrwandwinkel
      w0_list.append(w0*1000)
      F_list.append(F)
      alpha_B_list.append(alpha_B)
      alpha_S_list.append(alpha_S)
```

```
        'Bestimmung des effizientesten Anstellwinkels, also Einbringung
        der Decay-Konstante in die Berechnung:'
        Decay = 134772/(F**1.257)
        Repeats = (Decay/alpha_Rel)**(1/2.14)
        Repeats_nom = Repeats/(w0)
        Repeats_list.append(Repeats_nom)

'Plot des Wandwinkels und Anstellwinkels'
plt.figure(0)
plt.plot(w0_list, alpha_B_list, 'b', w0_list, alpha_S_list, 'r', lw=1)
#lw= linewidth  Rot=Anstwellwinkel Laserstrahl, Blau= Bohrwandwinkel
plt.xlabel('Strahlradius [um]')
plt.ylabel('Winkel [°]')

'Plot der repeats'
plt.figure(1)
plt.plot(w0_list, Repeats_list, 'b', lw=1)  #lw= linewidth  Rot=Anst-
wellwinkel Laserstrahl, Blau= Bohrwandwinkel
plt.xlabel('Strahlradius [um]')
plt.ylabel('Repeats [-]')

'Auswahl bestes Parameterset'
result=np.where(alpha_B_list == np.amax(alpha_B_list))  #Bestimmung
und Auswahl bester Strahldurchmesser
alpha_Bohrwand=alpha_B_list[int(result[0])]  #Bestimmung der zugehöri-
gen Parameter
w0_set = w0_list[int(result[0])]
alpha_set=alpha_S_list[int(result[0])]
phi=M2*lamda/(Pi*w0_set/1000)
f_Foc=d_Roh/(2*m.tan(phi))

'Ausgaben'
print('optimaler Anstellwinkel= ', alpha_set)
print('optimaler Strahlradius= ', w0_set)
print('optimale Fluenz= ', 2*Ep/((w0_set/10000)**2*Pi))
print('Divergenzwinkel= ', phi*180/Pi )
print('Bohrwandwinkel= ', alpha_Bohrwand)
print('Fokussierbrennweite= ', f_Foc)
print('Strahlradius', w0_list)
print('rel. Bohrwandwinkel', alpha_B_list)
print('Anstellwinkel', alpha_S_list)
print('repeats', Repeats_list)
```

In der Reihe **Ergebnisse aus der Lasertechnik** zuletzt erschienen:

Haasler, Dennis:
Tiefbohren in Metallen mittels ultrakurzen LaserpulsenISBN: 978-3-98555-119-4
Erscheinungsdatum: 24.11.2022

Rödler, Georg:
Entwicklung des selektiven Laserstrahlschmelzens für Al-Ni-Legierungen
ISBN: 978-3-98555-118-7
Erscheinungsdatum: 03.11.2022

Ünal-Saewe, Talu:
Ortsaufgelöste Prozessüberwachung für die Additive Fertigung mittels laserbasierter Directed Energy Deposition
ISBN: 978-3-98555-113-2
Erscheinungsdatum: 10.10.2022

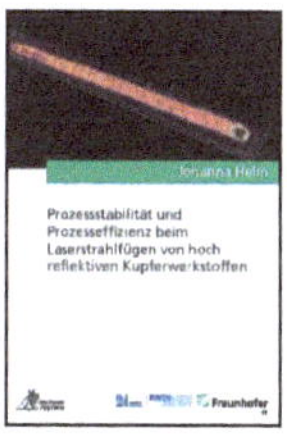

Helm, Johanna:
Prozessstabilität und Prozesseffizienz beim Laserstrahlfügen von hoch reflektiven Kupferwerkstoffen
ISBN: 978-3-98555-112-5
Erscheinungsdatum: 10.10.2022

Edition Wissenschaft
Apprimus

Meineke, Georg:

Opto-kalorisches Schalten zur Sortierung fluoreszenzmarkierter Partikel in Mikrofluidiken

ISBN: 978-3-98555-109-5

Erscheinungsdatum: 10.10.2022

Pichler, Tobias:

Adaptives Laser Powder Bed Fusion der Titanlegierung TiAl6V4

ISBN: 978-3-98555-096-8

Erscheinungsdatum: 17.08.2022

Tenbrock, Christian:

Large-Format Machine for Multi-Scanner Laser Powder Bed Fusion

ISBN: 978-3-98555-091-3

Erscheinungsdatum: 27.07.2022

Saewe, Jasmin:

Untersuchungen der Verarbeitbarkeit des Schnellarbeitsstahls HS6-5-3-8 mittels Laser Powder Bed Fusion

ISBN: 978-3-98555-097-5

Erscheinungsdatum: 27.07.2022

Adams, Martin:

Modellierung der katastrophalen optischen Degradation von Hochleistungslaserdioden unter externer optischer Rückkopplung

ISBN: 978-3-98555-068-5

Erscheinungsdatum: 22.04.2022

Edition Wissenschaft
Apprimus

FSC
www.fsc.org
MIX
Papier | Fördert gute Waldnutzung
FSC® C083411

Zeitfracht Medien GmbH
Ferdinand-Jühlke-Straße 7
99095 Erfurt, Deutschland
produktsicherheit@kolibri360.de